U0036960

HEALTHY SEASONAL
SOUP RECIPES

四季好湯

鄭菊香——著
李東陽——攝影

自序

善用大地的恩賜寶藏

在人生的際遇中，總有著不可思議的因緣。年輕時驕慢愛漂亮的我，特別以一雙奶油桂花手自豪，從沒想過這雙擅長編織毛衣與設計的手，有一天會進入廚房做羹湯，甚至還包起精緻的七巧玲瓏粽，實在跌破了許多編織界學生與好友的眼鏡。

一九九九年，在善知識的邀約下，我參加了農禪寺的梁皇寶懺法會，親聞聖嚴師父的開示，同年就皈依三寶，進入了法鼓山溫馨的大家庭。親近佛法以後，很自然地開始茹素，卻發現身邊許多親友對素食多半抱持排斥態度，他們總說素食多半是加工豆製品、有豆腥味不喜歡……。

素食那麼好，茹素的人卻不夠普及，因此一直在想該如何翻轉他們對素食的刻板印象，開始花些心思去逛市場，發現每天看到不同的蔬菜水果，無一樣不能入菜。來自大地母親的蔬果，如同珍貴的寶藏，含有豐富的植物營養素，這些營養在動物身上是找不到的，進而發現菜色的搭配可以使營養互補，加上當令當地的選購原則，可以讓每道菜餚更加分。

秉持著勸素的初發心，加上天生愛設計的巧思，常會做些色香味美的湯品和菜餚與學生分享，更因一盒什錦炒米粉供養法師，成為道場的香積主廚、烹飪班講師，也圓滿心中與大眾分享健康素食料理的願。這本《四季好湯》的因緣，來自三年前《人生》雜誌團隊給予機會，示範拿手的湯品與菜餚，和許許多多的讀者結下善緣，讓勸素的善種子持續地散播廣傳。同時感謝協助拍攝的攝影師，以及協助完成料理的團隊，大家共同成就。

聖嚴師父每每在開示中提醒我們要發願，有願就有力！回想約兩年前，全球眾生正困在新冠疫情的恐懼中，當時發願希望此生能圓滿持誦一〇八部《法華經》，一開始看不懂經文內容，但內心不放棄，繼續發願鼓勵自己。疫情的危機促成我們在家共修，聽經聞法，終於在二〇二三年五月二十六日如願圓滿了第一〇八部《法華經》，真是法喜充滿！而推廣大眾茹素的願心，更激勵我持續開發新料理。

經歷這場世紀大疫，我們更應珍惜健康，守護環境，素食就是最簡單有力的行動。讓我們以護念眾生及環境的初心，配合時令變化，選用在地當季的天然食材，為自己及家人精心料理一道道營養滿點、養心又養生的四季好湯！

目錄

Chapter 1 春季元氣湯料理

Chapter 2 夏季消暑湯料理

Chapter 3

秋季溫補湯料理

Chapter 4

冬季滋養湯料理

跟著季節喝好湯

現代餐桌不容易看得出四季變化，桌上一年四季都有進口的蘋果，來自世界的各種即時食品代替三餐烹調。朝九晚五的忙碌生活，讓人難以覺察四季更迭，對生活的感覺逐漸麻痺，身體也隨之失調。如何讓自己從失序的生活抽身而出？可以試著為自己和家人煮一碗好湯。

找回失去的生活感覺

為什麼這麼多人喜歡喝湯呢？因為有被呵護的幸福感。喝湯是一種幸福，煮湯也是一種幸福，可以透過熟悉的風味連結全家人，傳達最直接的祝福心意。使用當令在地新鮮食材，也能讓我們找回和季節、大地的連結，喝一碗美味的湯，接受大自然豐饒的四季禮物。

食物需要慢慢地用心品嘗，才能感受到美味，料理過程也需要用心投入，才能感受到四季變化的喜悅。讓自己活在當下，用心煮一碗湯，透過眼、耳、鼻、舌、身五感，感受生活滋味的美好。眼觀四季不同食材的變化，耳聽煎、煮、炒、炸的聲音，鼻聞四季蔬果釋放的氣息，手觸食材的質地觸感和溫度，舌嘗食物的酸、甜、苦、辣、鹹。這樣全心全意地烹調，不只得到了食物的營養，也得到了生命的養分，身心都滋潤。

日本國寶級辰巳芳子女士於九十二歲出版《生命與味覺》，她曾臥病十五年，而後不但以自己的湯品養護了病重父親八年，更發願為醫院提供緩和醫療的湯品。她為了父親開始製作湯品的原因，除了方便攝取營養，而且毋需外出，一碗湯就能納入季節的香氣，不僅拯救了父親，也拯救了她。湯品教會了她：「只有生命能救贖生命。」做湯的心意，能自然溫暖人心，分享生命的喜悅。她始終堅持做湯品，因為愛的希望就在湯中。

一碗湯，既可以療癒病人的心，也能

夠撫慰家人的心，因為融入了四季的生命力，也串連了人與人之間的關懷暖意，送湯就是送暖。

每日的保養之道

每個民族都有代代相傳的湯品，中式湯品和西式湯品的一大不同，在於中國自古以來就有醫食同源的食療傳統。藥補不如食補，湯品被認為是最簡單的日常保養之道，讓人可在享用美味之中，達到健康保養效用，所以餐桌上總少不了一碗湯。

臺灣是物產豐富的寶島，四季都有不同的蔬果，當令盛產的蔬果，經濟實惠又美味。《四季好湯》以湯品為主，搭配其他料理，根據季節時令，選用在地當季的天然食材，以少油、少鹽、少負擔的料理方法，提供養生又美味的健康飲食。多方攝取不同種類的食材，能夠周到地提供身體所需的營養。

只要順應四季變化，掌握每個季節的養生重點，為自己及家人煲一鍋滋補養生的湯，就能照顧全家人的身心健康。當令好湯的做法簡單，卻有無窮滋味，讓我們一起跟著季節喝好湯！

本書使用的計量單位：

- 1小匙（茶匙）=5cc（ml）=5公克
- 1大匙（湯匙）=15cc（ml）=15公克
- 1杯=150cc（ml）=150公克

煲湯的美味祕訣

中式湯品琳瑯滿目，各有不同的分類方式。

如以湯汁清濁來分，可粗分兩種：1. 清湯：加熱時間短，湯汁清淡不混濁，為清湯的特色。由於加熱時間短，食材風味無法充分釋放，可以高湯來提味，或用食材原味來提鮮。2. 濃湯：以高湯為湯底，加入多種食材後做勾芡，湯汁濃稠。

如以時間和製作分法來區別，可略分三種：1. 滾湯：時間最短，約 10 分鐘至 30 分鐘，將食材放入鍋中以滾水煮熟即可，湯鮮味美。2. 煲湯：時間約 1 至 3 小時，採用直接加熱法，用小火慢熬，中途不加水、不開蓋、不調味，煮至軟爛入味。3. 燉湯：時間約 3 小時以上，採用隔水加熱法，用小火慢燉細熬，風味濃厚甘醇。

煲湯看似簡單，其實也是一門學問，如何掌握煲湯的美味要領呢？

祕訣 ❶ ｜ 善用好鍋具

常見的湯鍋種類很多，包括陶鍋、砂鍋、不鏽鋼鍋、快鍋、燜燒鍋等。如以美味來評估，陶鍋、砂鍋是煲湯的最佳選擇，因為聚熱保溫效果較佳，受熱均勻，最能保留食材的原味與養分。如以實用方便性評估，不鏽鋼湯鍋是最佳選擇，而成為家庭最常用的湯鍋，但必須時刻留意火候。如果考量方便性，燜燒鍋能節省能源和時間，不必顧火，缺點是滋味清淡。此外，被稱為萬用鍋的電鍋，操作簡單方便，能大大縮減烹調難度和時間。

祕訣 ❷ ｜ 時間與火候的掌握

湯品的風味好壞，主要取決於時間與火候的控制。開始時，先用大火煮滾，陸續放入食材後，則要改用小火慢燉。若一直用大火熬湯，水分會快速流失，造成乾鍋。另外，燉煮時，不要不停地用湯勺攪拌，如此會讓冷空氣進入，造成食材氧化，流失營養，也有損美味。美味的湯，需要耐心守候。

祕訣 ❸ ｜ 隨時撈除雜質

想要煮出好喝不混濁的清湯，可以邊

煮邊用湯匙撈除雜質，或在上桌前，用細網過篩湯汁，再將湯裡的材料放入，就能爽口美味。湯汁混濁的原因，通常與煮湯食材有關，例如芋頭、南瓜、馬鈴薯、山藥等會因澱粉質而讓湯汁混濁。如果不喜歡混濁的湯色，可先將芋頭快速過油，山藥與馬鈴薯切好後，用水洗除澱粉質。

祕訣❹｜一次將水量加足

煲湯時，如果發現加入的水量不夠，不適合補水，因為中途倒入冷水會導致溫度下降，改變了湯頭的好味道。美味煲湯的關鍵，在於讓食材能平均受熱。因此，熬湯時最好一次將水量加足，先大火煮滾，再轉小火燉煮。如果真的需要加水，只加熱水，莫加冷水，才不至於影響風味太多。

祕訣❺｜調味的重點

有些人認為調味料種類和分量放得愈多，味道會更豐富，實則不然，因為會喧賓奪主，品嘗不出食材的原味。新鮮的天然食材能融合出多層次的鮮甜滋味，只要在最後起鍋前適度調味即可。要特別留意，不能太早加鹽，因為長時間熬煮後，會愈煮愈鹹。因此要掌握加鹽的時機，以免好湯的鮮味變成只有鹹味了。

祕訣❻｜湯的保存方式

很多人處理剩湯，習慣整鍋直接放入冰箱冷藏，或是蓋上鍋蓋便放置餐桌上隔夜，這些方式都有安全顧慮，因為連湯帶料的保存法，容易造成湯的氧化變質，破壞風味也傷害健康。最好的保存方法，是將湯和料分別存放於冰箱冷藏，需要烹調時，再取出一起煮至滾沸。湯品最好不要冷藏超過一週，宜趁新鮮享用，最為湯鮮味美。

素食基本高湯介紹

好的高湯不管是運用在湯品還是料理，都能增加鮮美的風味。擁有素食高湯配方，就擁有美味之道。以下介紹四款素食的基本高湯。

蔬果高湯

材料

- 黃豆芽1200公克
- 小蘋果6顆
- 甘草3片
- 白蘿蔔2根
- 高麗菜梗
- 乾昆布5公克
- 老薑150公克
- 水4000cc

做法

1. 黃豆芽洗淨，取一炒鍋，用小火乾炒黃豆芽去豆腥味。
2. 小蘋果、白蘿蔔、高麗菜梗、老薑洗淨；白蘿蔔削去頭部，切塊；蘋果削皮後切塊，老薑拍裂，備用。
3. 取一湯鍋，先加水煮滾，再放入所有材料煮滾，轉小火加蓋燜煮1小時。
4. 放涼後，撈起所有材料，用濾網將蔬果高湯倒入耐冰容器或製冰盒，放置冷凍庫，隨時可用。熬湯時，可取代糖、味素；炒菜時，可取代水使用。
5. 為了珍惜食材，高麗菜梗平日可蒐集備用，也可用大白菜、去皮水梨替代。

番茄高湯

材料

- 牛番茄12顆
- 水1500cc

做法

1. 番茄洗淨，劃十字汆燙、剝皮，滾刀切成3公分，備用。
2. 取一湯鍋，番茄加水用中火熬煮30分鐘後，用濾網瀝出果肉，倒入果汁機打成泥，即成濃稠的番茄高湯。

八珍高湯

材料

- 八珍藥包1包（200公克）
- 老薑100公克
- 大顆紅棗15顆
- 水3000cc

做法

1. 取一湯鍋，加水煮滾後，放入所有食材，以小火煮1小時熄火，待湯放涼再取出八珍藥包，即可裝入耐冰容器或製冰盒，需用時解凍使用。
2. 藥包可重複再煮一次，但水量要減半熬煮。

紅燒高湯

材料

- 桂枝150公克
- 川芎50公克
- 肉桂5公克
- 當歸18公克
- 老薑45公克
- 紅棗10顆
- 蘋果2或3顆
- 水2000cc

做法

1. 老薑洗淨，拍裂；蘋果洗淨後削皮，切塊，備用。
2. 取一湯鍋，加水，放入桂枝、川芎、肉桂煮滾，再放入老薑、紅棗、蘋果，蓋上鍋蓋煮滾後，轉小火煮30分鐘，再加入當歸，續煮20分鐘，即可熄火。
3. 放涼後，撈起所有材料，即成紅燒高湯。

SPRING

春 季 元 氣 湯 料 理

Chapter 1

氣候多變的春季，適合煲山藥木耳湯保健腸胃。山藥是護胃的好食材；黑木耳可清腸、防血管硬化，有「植物燕窩」之稱；花生素稱「長壽果」，是甘潤的食材，與黃豆都是素食者的蛋白質來源，能帶來春天滿滿的活力！

山藥木耳湯

做法

1. 花生加鹽1/4茶匙，泡水3小時後，搓洗撈起瀝乾，放入冷凍庫；川耳用熱水泡開後，洗淨瀝乾，放入冷凍庫，備用。
2. 白山藥削皮後，滾刀切成4公分塊狀，泡鹽水；玉米筍洗淨，對剖斜切；杏鮑菇洗淨，滾刀切成3公分小塊，備用。
3. 取電鍋內鍋加入滾水，放入冷凍花生，外鍋加2杯水燜煮。
4. 取一湯鍋，倒入水煮滾後，放入蔬果高湯續滾，再加入川耳、做法3的花生、老薑（用刀面拍裂），用小火燜煮1小時。
5. 取一炒鍋，倒入苦茶油炒猴頭菇，用文火炒至金黃色後，倒入做法4的鍋中。
6. 白山藥、杏鮑菇、玉米筍、嫩薑片放入鍋中，加鹽2茶匙，續煮5分鐘關火，再加上香油及白胡椒粉，即可盛碗食用。

材料

- 川耳100公克
- 白山藥210公克
- 花生240公克
- 玉米筍175公克
- 猴頭菇90公克
- 老薑35公克
- 嫩薑片15公克
- 杏鮑菇100公克
- 滾水400cc（煮花生用）
- 水4000cc
- 蔬果高湯120cc

調味料

- 苦茶油3茶匙
- 鹽1/4茶匙（泡花生用）
- 鹽2茶匙（調味用）
- 白胡椒粉1/2茶匙
- 香油1/2茶匙

○ 花生泡水3小時吸水飽滿後，即不再膨脹，放入冷凍庫，利用熱脹冷縮原理破壞其組織結構，可縮短燜煮時間。

○ 乾燥木耳（黑白皆同）洗淨後，分裝放入冷凍庫，待需要使用時取出，放入滾水煮時，因熱脹冷縮原理，可縮短烹煮時間。冷凍木耳煮前先用滾水汆燙，其湯色澤較明亮不混濁。

○ 蔬果高湯的做法，請參考第10頁。

○ 本書所提到的猴頭菇，都是經處理好的冷凍猴頭菇。

01

春季元氣湯料理

02

春季元氣湯料理

八珍湯集四君子湯與四物湯之大成，是常用於食補的中醫湯方，具氣血雙補之效。蘋果含有原花青素、兒茶素、表兒茶素等，有助於抗氧化，可謂「果中之王」。青木瓜除了木瓜醇素，還含有多種維生素、礦物質、蛋白質及有機酸，是很好的食材，喝了讓你元氣充沛。

八珍蘋果木瓜湯

材料

- 冷凍小香菇80公克
- 猴頭菇90公克
- 青木瓜420公克
- 蘋果2顆（約300公克）
- 紅棗12顆
- 黑棗12顆
- 新鮮蓮子40公克
- 精靈菇50公克
- 老薑薄片150公克
- 嫩薑絲20公克
- 黃金蟲草5公克
- 水2000cc
- 八珍高湯500cc

調味料

- 苦茶油2大匙
- 鹽1茶匙

做法

1. 黃金蟲草洗淨後，放入小碗中泡冷水，備用。
2. 青木瓜削皮去子；蘋果削皮去核，對剖後滾刀切約3×4公分寬，蘋果泡鹽水，備用。
3. 取一炒鍋，放入苦茶油，冷鍋冷油將老薑薄片爆香後，加入小香菇、猴頭菇拌炒。
4. 取一湯鍋，倒入水及八珍高湯煮滾，加入做法3煮5分鐘；再放入紅棗、青木瓜續煮10分鐘後，加入黃金蟲草、精靈菇煮5分鐘。
5. 最後放入蘋果、新鮮蓮子、黑棗、嫩薑絲，加鹽1茶匙調味，煮滾即可熄火，裝碗食用。

○ 乾香菇買回後可全部洗淨，先冷藏軟化，取出該次用量後，其餘放冷凍庫備用，待需要時取出使用，不需每次花時間泡水。

○ 八珍高湯的做法，請參考第11頁。

春寒料峭，有時仍可感受到天冷的威力。吃火鍋能驅走寒冷，讓胃口變好，提昇身體的能量。這道福慧麻不辣湯，以番茄為湯底主角，加上麻辣醬後，湯頭鮮甜卻麻而不辣，搭配茭白筍、菇類、高麗菜、豆皮、花干，湯頭清爽，吃起來不會造成腸胃的負擔。

福慧麻不辣湯

材料

- 牛番茄8個
- 茭白筍300公克
- 白精靈菇300公克
- 金針菇80公克
- 高麗菜500公克
- 碧玉筍80公克
- 乾豆皮110公克
- 花干1塊
- 甘草3片
- 蔬果高湯600cc
- 水1000cc

調味料

- 素麻辣醬3大匙
- 白醬油4茶匙
- 香油少許

做法

1. 牛番茄切成六片，備用。
2. 高麗菜撕成5公分片狀；碧玉筍、白精靈菇切成3公分斜片；茭白筍滾刀切3公分塊狀；金針菇切兩段，備用。
3. 花干順著紋路切開後，再對切。
4. 乾豆皮泡熱水去油，切成4公分片狀。
5. 取一湯鍋，倒入水、蔬果高湯、牛番茄、甘草、素麻辣醬煮滾，將剝離的番茄皮撈出，先放入花干，轉小火煮10分鐘，再加入茭白筍、白精靈菇、金針菇、豆皮、高麗菜煮3分鐘，最後放入碧玉筍，以白醬油調味，滴上香油後，即可上桌。

tips

○ 湯裡可加入一根斜切的香茅，會更入味。
○ 蔬果高湯的做法，請參考第10頁。

03

春季元氣湯料理

04

春季元氣湯料理

油豆腐是豆腐經油炸後，外皮封住內裡鮮嫩的口感，而細粉就是冬粉，煮熟以後變成透明的細絲，就像春天的雨絲般，所以在日本也稱為「春雨」。除了使用常見的佐料香菇、紅蘿蔔、玉米筍外，還增加綠竹筍與乾金針、薄片豆包等食材，有豐富的蛋白質，是十分暖胃、易做的湯品。

油豆腐細粉

材料

- 四方油豆腐8塊
- 乾香菇70公克
- 紅蘿蔔60公克
- 玉米筍4支
- 薄片豆包3片
- 綠竹筍180公克
- 乾金針15朵
- 芹菜50公克
- 冬粉100公克
- 蔬果高湯500cc
- 熱開水1500cc

調味料

- 苦茶油2大匙
- 白醬油4茶匙
- 鹽1/2茶匙
- 白胡椒粉1/2茶匙
- 香油1/4茶匙

做法

1. 乾香菇泡軟，乾金針泡軟後打結，冬粉泡水後剪成10公分長；油豆腐用熱水沖過後，用叉子戳洞，備用。
2. 紅蘿蔔削皮，綠竹筍去殼，芹菜去葉洗淨，玉米筍洗淨，備用。
3. 將香菇、紅蘿蔔、綠竹筍、豆包切絲，玉米筍切成2公分薄片，芹菜切粗末，備用。
4. 取一鍋，放入苦茶油，冷鍋冷油煸炒香菇後，加入綠竹筍、白醬油翻炒，再倒入熱開水、蔬果高湯、油豆腐，蓋上鍋蓋轉文火煮10分鐘，依序放入紅蘿蔔、玉米筍、豆包、金針，用中火煮10分鐘，加鹽調味，最後加入冬粉再煮滾，撒上白胡椒粉、香油，上桌食用前，撒上芹菜末即可。

tips

○ 芹菜末可用小火香油快速爆炒，香味更佳！
○ 蔬果高湯的做法，請參考第10頁。

05

春季元氣湯料理

粥品清淡不油膩，這道山藥薏仁粥，以山藥、大薏仁、蓮子、芡實、生腰果、猴頭菇等養生食材熬煮，有助改善消化道，達到保健脾胃功效，十足養生，營養滿點。

山藥薏仁粥

材料

- 白山藥300公克
- 大薏仁140公克
- 新鮮蓮子280公克
- 芡實50公克
- 猴頭菇50公克
- 紅棗80公克
- 生腰果200公克
- 老薑薄片3公克
- 白米50公克
- 水760cc

調味料

- 苦茶油2茶匙
- 香油1/2茶匙
- 鹽3/4茶匙
- 白胡椒粉少許

做法

1. 大薏仁、新鮮蓮子、白米、芡實洗淨；白山藥削皮，滾刀切成3公分塊狀，泡鹽水，備用。
2. 猴頭菇撕成絲，加鹽1/4茶匙、白胡椒粉少許，使其入味，備用。
3. 取電鍋內鍋注水，加入大薏仁、白米、芡實、生腰果。
4. 取一炒鍋，加入苦茶油爆香老薑薄片，倒入做法3，電鍋外鍋加水1杯蒸煮。待電鍋開關跳起後，續加入白山藥、紅棗、猴頭菇、新鮮蓮子，外鍋再注入1/4杯水繼續蒸煮，等電鍋開關跳起後，加入鹽1/2茶匙、白胡椒粉少許、香油調味即可。

tips

○ 大薏仁泡水後，用手搓洗將其表面雜質洗淨。

06

春季元氣湯料理

許多人擔心吃油飯不好消化，其實用一個涮鍋動作，既可縮短蒸煮時間，飯也比較香Q好消化；加上冷鍋冷油爆香老薑片，不容易上火，搭配芋頭、猴頭菇的營養，吃起來完全沒負擔，又能讓身體產生熱源，整個身子都暖和。

芋香猴頭菇油飯

材料

- 芋頭350公克
- 猴頭菇150公克
- 老薑薄片25公克
- 長糯米900公克
- 蜜腰果150公克
- 薑末25公克
- 蔬果高湯90cc
- 水7000cc

調味料

- 黑麻油3大匙
- 苦茶油1大匙
- 白醬油3大匙
- 鹽1茶匙
- 白胡椒粉1茶匙

做法

1. 長糯米洗淨，泡水2小時，裝入棉布濾袋中。取一深鍋，放入4500cc水煮滾，順鍋涮5分鐘，取出備用。
2. 芋頭削皮，切塊成3×3公分寬；猴頭菇撕成2公分寬條狀，加入薑末拌勻，備用。
3. 將黑麻油、苦茶油倒入鍋中，冷鍋冷油爆老薑薄片，再放入猴頭菇翻炒至金黃色，接著加入芋頭，翻炒到芋頭油亮。
4. 長糯米放入鍋中，加入蔬果高湯、白醬油、鹽，撒上白胡椒粉，用小火翻炒至湯汁收汁。
5. 蒸鍋底鍋加水2500cc煮滾後，上層蒸籠鋪上蒸布，放入做法4的食材，用文火蒸1小時即可裝盤，可撒上蜜腰果增添風味。

tips

○ 芋頭、蓮藕宜用不鏽鋼、陶瓷製品來切、裝、煮，避免用鐵、鋁製品，以免氧化變色，影響色澤。

○ 蔬果高湯的做法，請參考第10頁。

素食者需要補充蛋白質，腐竹是煮沸豆漿表面凝固的薄膜乾燥後所做成，蛋白質、胺基酸含量高，也有清熱潤肺、養胃等功效，再搭配蘆筍，使風味層次更豐富，是容易上手又可口的家常料理。

銀芽腐竹蘆筍

做法

1. 綠豆芽去頭去尾，洗淨瀝乾；嫩薑片切成小菱形，備用。
2. 蘆筍筍尖部位對齊，於5公分處切下；蘆筍根部1/3處削掉硬皮後，均切成3小段，備用。
3. 冷鍋冷油煸炒香菇絲、嫩薑片，放入腐竹條，用文火續炒2分鐘，再加入紅蘿蔔絲、蘆筍根部、蔬果高湯，續炒5分鐘。
4. 將蘆筍筍尖、綠豆芽倒入鍋中，轉中火續炒2分鐘，加鹽，灑上香油，即可裝盤上桌。

材料

- 綠豆芽450公克
- 濕腐竹條120公克
- 香菇絲70公克
- 中粗綠蘆筍250公克
- 紅蘿蔔絲70公克
- 嫩薑片5片
- 蔬果高湯5cc

調味料

- 橄欖油1大匙
- 鹽1茶匙
- 香油1/2茶匙

tips

○ 綠豆芽素有「國民菜」之稱，將綠豆芽去頭去尾，即可升級為「銀芽」。
○ 蔬果高湯的做法，請參考第10頁。

07

春季元氣湯料理

川菜名菜素宮保G丁，做法大多採用大豆蛋白製作的素料，吃起來增加身體負擔，可改用天然食材猴頭菇入菜。猴頭菇是菇中之王，珍貴程度僅次於靈芝，加上蔬果高湯，使猴頭菇軟嫩多汁；佐以營養豐富的紅蘿蔔、青翠涼性的小黃瓜，不僅美味可口，更是不燥不熱的進化版川菜。

宮保猴頭菇

材料

- 猴頭菇500公克
- 乾辣椒10公克
- 花椒粒10公克
- 小黃瓜1根（約120公克）
- 紅蘿蔔10公克
- 熟腰果少許（20顆）
- 起司酥炸粉120公克
- 低筋麵粉30公克
- 水150cc
- 蔬果高湯50cc

調味料

- 白胡椒粉少許
- 薑汁2茶匙
- 白醬油1茶匙
- 香油1茶匙
- 蔬菜油200cc

做法

1. 猴頭菇過水，擰乾水分，對片撕開，用薑汁、白胡椒粉、白醬油、香油醃漬10分鐘。
2. 紅蘿蔔削皮切成厚0.5公分、長3.5公分片狀；小黃瓜滾刀切成2.5公分小塊，備用。
3. 起司酥炸粉、低筋麵粉與冷水，調成粉漿。
4. 取一小深鍋，倒入蔬菜油，用火燒熱，將一小滴粉漿放入油鍋，若粉漿浮起，表示油溫夠熱，即可將猴頭菇裹上粉漿放入油鍋，炸成金黃色，撈出濾油。
5. 取一炒鍋，將做法4蔬菜油中的粉漿碎粒瀝淨，放入花椒粒、乾辣椒用文火略炒，加入紅蘿蔔片、猴頭菇續炒，再倒入剩餘醃料、蔬果高湯，最後加入小黃瓜續炒至收汁，裝盤後撒上熟腰果，滴幾滴香油，即可上桌。

tips

○ 薑汁市面有售，也可用薑末替代。
○ 蔬果高湯的做法，請參考第10頁。

08

春季元氣湯料理

春季元氣湯料理

乾煸四季豆是非常有名的四川菜，一般會將四季豆先油炸，此處改為純用煸的方式，不會過分油膩，加上俗稱菜脯的蘿蔔乾，以及杏鮑菇，做出酥脆香的口感，再加入紅辣椒，更增添風味。

乾煸四季豆

材料

- 四季豆300公克
- 乾香菇40公克
- 碎蘿蔔乾100公克
- 杏鮑菇200公克
- 乳酪絲10公克
- 長紅辣椒10公克
- 薑末3公克
- 蔬果高湯50cc

調味料

- 素XO醬2大匙
- 橄欖油1茶匙
- 香油1/2茶匙

做法

1. 乾香菇、蘿蔔乾泡水，長紅辣椒去子，備用。
2. 將香菇切粗丁、長紅辣椒切成菱形，杏鮑菇切粗丁，備用。
3. 四季豆汆燙2分鐘撈起，泡冷水，備用。
4. 取一炒鍋，加入橄欖油、香菇、蘿蔔乾、薑末煸炒後，放入杏鮑菇續炒2分鐘，再加入素XO醬、長紅辣椒、蔬果高湯翻炒，倒入四季豆續炒3分鐘，起鍋前淋上香油。端上桌前，撒上乳酪絲即可。

tips

- ○ 四季豆的生豆含有皂素和血球凝集素等毒素，對人體健康有害，但這些有毒物質在高溫下會被破壞，因此一定要將四季豆充分煮熟，才可以食用。
- ○ 四季豆也可以用醜豆來替代。
- ○ 蔬果高湯的做法，請參考第10頁。

10

春季元氣湯料理

豆皮富含蛋白質，是素食很重要的食材，煎、煮、炒、炸、滷皆美味。先將豆皮微煎，散發出豆香，再包捲香菇、紅蘿蔔、玉米筍、四季豆、芋頭條，成了五彩繽紛捲。豆皮與沙拉棒的創意組合，視覺繽紛，此道五彩繽紛捲不但可當點心，也可當主菜，很適合宴客。

五彩繽紛捲

材料

- 薄片豆包3片
- 大朵乾香菇6朵
- 紅蘿蔔20公克
- 玉米筍3根
- 四季豆3根
- 芋頭條45公克

調味料

- 中筋麵粉1茶匙（與水10cc調成粉漿）
- 素蠔油1/2茶匙
- 胡椒鹽1/4茶匙
- 橄欖油1大匙

做法

1. 芋頭條以中火過油；乾香菇泡軟，切粗絲，用同一油鍋以文火煸香，備用。
2. 紅蘿蔔洗淨，削皮，切成0.7公分寬、7公分長條狀，汆燙；玉米筍洗淨，對剖切開；四季豆洗淨，切2段；將玉米筍與四季豆用滾水快速汆燙，撈起泡冰水，備用。
3. 豆包打開成長片狀，平底鍋以少許油微煎，起鍋撒上胡椒鹽。用豆包捲入所有食材，尾端沾粉漿黏合。
4. 豆包刷上少許橄欖油，移入烤箱以100°C烤10分鐘取出裝盤，
5. 淋上素蠔油即可。

tips

○ 選購豆包時，宜選擇生豆包，避免經油炸的豆包，才不會攝取過多熱量。

謝黃豆腐是在餐廳常點的一道菜，也是常見的宴客菜。「謝黃」取其紅蘿蔔的顏色，金亮光澤是來自於紅蘿蔔的天然色素。除了豆腐、毛豆是人們熟知富含高蛋白的食材，蘋婆與黑木耳也富有蛋白質，且黑木耳含有鐵與鈣，這道菜十分適合長期茹素的人食用。

謝黃豆腐

材料

- 紅蘿蔔泥300公克
- 嫩豆腐550公克
- 薑末15公克
- 冷凍毛豆150公克
- 蘋婆（鳳眼果）90公克
- 新鮮黑木耳60公克
- 蔬果高湯50cc

調味料

- 白醬油2茶匙
- 蓮藕粉水（蓮藕粉2/3大匙加冷開水50cc）
- 鹽1/4茶匙
- 橄欖油1又1/2大匙

做法

1. 黑木耳洗淨，切成2公分丁狀，備用。
2. 嫩豆腐抹一層薄鹽，切成2.5公分正方形，備用。
3. 取一炒鍋，冷鍋即倒入油，待油微熱後，將紅蘿蔔泥、薑末、蘋婆、黑木耳用文火翻炒1分鐘，倒入蔬果高湯，放入豆腐轉大火煮滾，再加入白醬油、毛豆後轉文火煮3分鐘，用蓮藕粉水勾芡，即可食用。

○ 蘋婆又稱「鳳眼果」，含有維生素A，果實色澤鮮黃美麗，味道像栗子，口感鬆中帶Q。但蘋婆對貓、狗具有毒性，要避免餵食。

○ 蔬果高湯的做法，請參考第10頁。

11

春季元氣湯料理

12

春季元氣湯料理

蘿蔔糕有臺式與港式之別，原以配料來區分，港式會加入醃臘製品。不過素食蘿蔔糕的配料相同，區別在於米漿比例的多寡，做出不同的口感，港式偏濕潤而柔軟，臺式較乾而彈牙。此道私房港式蘿蔔糕，粉漿中多了澄粉、馬蹄粉，使得蘿蔔糕的口感有了變化，煎過後食用，齒頰留香，回味無窮。

私房港式蘿蔔糕

材料

- 白蘿蔔900公克
- 乾香菇80公克
- 嫩薑10公克
- 在來米粉250公克
- 水1000 cc
- 澄粉50公克
- 馬蹄粉50公克
- 熱開水600cc

調味料

- 香油1大匙
- 白胡椒粉2茶匙
- 鹽1大匙
- 砂糖2大匙
- 橄欖油4茶匙

做法

1. 白蘿蔔洗淨、削皮、刨絲，備用。
2. 乾香菇泡軟後，切粗末；嫩薑切細末，備用。
3. 取一鍋放入在來米粉、注水500cc調成粉漿，續加入澄粉、馬蹄粉，再注水500cc，加白胡椒粉、鹽、砂糖、香油，調成粉漿，備用。
4. 取一炒鍋，冷鍋冷油放入香菇末、薑末爆香，再放入白蘿蔔絲翻炒5分鐘，加入熱開水煮大滾後轉最小火，倒入粉漿攪拌成糊狀。
5. 取一容器抹上香油，倒入做法4的食材，移入電鍋，外鍋加水2杯蒸熟。取出放涼後倒扣裝盤；食用前，將蘿蔔糕切片，起油鍋，用小火煎至兩面金黃即可。

○ 蘿蔔絲與粉漿攪拌時容易燒焦，可於倒入一半粉漿時熄火，再倒入剩餘的粉漿，用餘溫攪拌凝固成糊狀。
○ 蘿蔔糕也可用蒸籠蒸，蒸鍋內注水2/3鍋滾水，用文火蒸約1小時。
○ 可依個人喜好添加沾醬。

春季食補 Q & A

春季的養生重點為何？

春天萬象更新，大自然從蟄伏的冬藏中甦醒，欣欣向榮，此時可透過飲食讓自己恢復滿滿的元氣。然而，春天忽冷忽熱的天氣，特別容易感冒，養生重點在增強抵抗力。建議飲食宜清淡，多吃蔬果，減少油炸和辛辣類的刺激性飲食，以免對身體造成負擔。

生機勃發的春天，特別適合風味清爽的清湯，比如溫和潤口的山藥木耳湯，鮮甜爽口的八珍蘋果木瓜湯，油豆腐細粉能如春雨滋潤身心，甦醒活力。

如何選擇適合的春季食材？

有的人因冬季頻繁進補，而導致身體燥熱、浮動不安。春季的飲食以清淡為主，可選擇蘆筍、山藥、番茄、蘋果、青木瓜等蔬果，以調理清熱，保健脾胃。

蛋白質能維持健康和增強體力，是春天活力的營養補給，豆類與豆製品是優質的蛋白質來源，春季可多食用，運用豆漿、豆腐、腐竹、腐皮為料理增添變化，營養加分。

可以用水果替代蔬菜嗎？

水果和蔬菜都富含維生素、礦物質及纖維等營養成分，是人體不可或缺的食物，但是兩者的本質不同，不能相互取代，以免造成營養失衡。

水果含有大量的葡萄糖、果糖、蔗糖，熱量也比蔬菜高，若以水果代替蔬菜，久而久之，容易攝取過多熱量及糖分，造成肥胖、脂肪肝等問題。蔬菜含有不同營養，纖維也比較粗，可促進腸胃蠕動。蔬菜與水果各有其營養功能，均衡飲食是最佳的健康之道。

可以只喝湯，不吃湯料嗎？

煲湯因為經過長時間的熬煮，食材的營養均已融入湯中，所以很多人認為只要喝湯即可，不需要吃湯料。然而，不同的食材有不同的營養，發揮作用的功能也不盡相同，建議湯料與湯一起食用，食材功效才能完整發揮與吸收，也能增加飽足感，為強健身體打好基礎。

SUMMER

夏季消暑湯料理

Chapter 2

01
夏季消暑湯料理

夏季盛產的蓮藕，《本草綱目》稱它為「靈根」，具有生津、止血化瘀、安神生智、健脾開胃的效果，加上「長壽果」花生，富多醣體的猴頭菇，補氣的花旗參、黃耆、當歸，補血的紅棗、黑棗，還有八珍高湯，一碗營養滿滿的湯，為身體補充耗損的能量。

補氣蓮藕湯

材料

- 花旗參10片
- 黃耆20片
- 冷凍小香菇80公克
- 猴頭菇90公克
- 冷凍花生125公克
- 蓮藕300公克
- 玉米筍150公克
- 杏鮑菇150公克
- 老薑薄片40公克
- 當歸2片
- 紅棗12顆
- 黑棗12顆
- 黃金蟲草10公克
- 八珍高湯550cc
- 蔬果高湯500cc
- 水700cc

調味料

- 苦茶油1又1/2茶匙
- 鹽1茶匙
- 白胡椒粉少許

做法

1. 蓮藕削皮對切後，再對開斜切2公分長，泡鹽水；黃金蟲草泡水；小香菇去蒂頭，猴頭菇對半撕開，玉米筍斜切4公分長，杏鮑菇滾刀切3公分；紅棗、黑棗洗淨，備用。
2. 將冷凍花生放入滾水中煮開，倒入電鍋，內鍋放水200cc，外鍋放2杯水蒸煮，待電鍋開關跳起，備用。
3. 取一炒鍋，用苦茶油煸老薑片至金黃色，加入小香菇續炒3分鐘後，放入猴頭菇翻炒，備用。
4. 取一湯鍋，加水500cc、八珍高湯、花旗參、黃耆用大火煮滾，放入蓮藕、花生、紅棗，改用文火煮30分鐘，再加入做法3的食材，續煮20分鐘。
5. 將杏鮑菇、玉米筍、黃金蟲草、蔬果高湯加入做法4煮10分鐘，再放入黑棗、當歸，煮滾後加鹽、白胡椒粉調味即可。

○ 蔬果高湯、八珍高湯的做法，請參考第10、11頁。
○ 冷凍花生的做法，請參考第14頁。
○ 冷凍小香菇的做法，請參考第17頁。
○ 蓮藕不可用鐵鍋煮，以免氧化變色。

02

夏季消暑湯料理

當令盛產的新鮮鳳梨酸中帶甜，不僅可幫助消化、增進食欲，入菜搭配苦瓜煮成湯，可消暑、補元氣。苦瓜的苦味，可清熱消暑、養血益氣、補腎健脾。用新鮮鳳梨與醃鳳梨熬湯，讓湯頭更入味，再加入猴頭菇、川耳、紅毛丹，有助恢復因天熱所耗損的體力。

鳳梨苦瓜湯

材料

- 新鮮鳳梨300公克
- 醃鳳梨150公克
- 白色苦瓜800公克
- 川耳5朵
- 猴頭菇200公克
- 新鮮紅毛丹12粒
- 蔬果高湯200cc
- 薑片10公克
- 水2000cc

調味料

- 鹽1/4茶匙
- 橄欖油1茶匙

做法

1. 猴頭菇洗淨，撕成小塊，冷鍋冷油加入薑片用小火煸炒，備用。
2. 苦瓜洗淨，剖成兩半後再切半，把子連同薄膜挖掉，再斜切成小塊，備用。
3. 將新鮮鳳梨去皮，切成小塊；川耳洗淨，泡開；紅毛丹去殼去子，備用。.
4. 取一湯鍋注水，倒入蔬果高湯用中火煮滾後，放入做法1的食材、川耳、醃鳳梨煮約5分後轉小火，再加苦瓜、新鮮鳳梨續煮10分鐘，最後放入紅毛丹，煮滾後加鹽調味即可。

○ 夏季盛產荔枝，可用荔枝替代紅毛丹。
○ 亦可加蔓越莓乾或枸杞，增添色澤與風味。
○ 蔬果高湯的做法，請參考第10頁。

天氣炎熱，難免沒有食欲，酸辣湯就是適合這個季節的開胃湯品。酸辣湯用料豐富，有菇類、木耳、紅蘿蔔、豆腐絲等，富含多種營養。一般常用竹筍絲入湯，此處改用水梨絲、蘋果絲代替，口感清爽，滋味甘甜。湯中的酸味除了少許的醋，還有檸檬汁提味；辣味則以新鮮紅辣椒取代辣油或豆瓣醬，天然又不會過鹹。

酸辣湯

做法

1. 水梨、蘋果削皮後切絲，泡鹽水；榨菜切絲，泡水，備用。
2. 紅蘿蔔、黑木耳、板豆腐洗淨，切細絲；金針菇剝開後，去蒂對切；芹菜葉洗淨，切末；長紅辣椒去子切絲，備用。
3. 猴頭菇洗淨撕成絲狀，以適量香油、1/4茶匙白胡椒粉醃15分鐘，使其入味。
4. 取一鍋，倒入水及蔬果高湯，放入榨菜絲，煮滾。
5. 將紅蘿蔔、金針菇、黑木耳、板豆腐、猴頭菇絲、水梨絲依序加入做法4的鍋中煮滾後，倒入砂糖、烏醋、檸檬汁、1/4茶匙白胡椒粉、辣椒片調味，以蓮藕粉水勾芡，加入蘋果絲攪拌均勻，再灑上香油、芹菜葉末，即可上桌。

材料

- 水梨160公克
- 蘋果1顆（中）
- 檸檬2顆擠汁（用濾網過濾）
- 榨菜260公克
- 紅蘿蔔100公克
- 金針菇300公克
- 板豆腐50公克
- 新鮮大片黑木耳60公克
- 猴頭菇20公克
- 長紅辣椒15公克
- 芹菜葉10公克
- 水1500cc
- 蔬果高湯200cc

調味料

- 砂糖1/4茶匙
- 烏醋1/4茶匙
- 白胡椒粉1/2茶匙
- 香油1/4茶匙
- 蓮藕粉水（蓮藕粉1又1/2大匙加冷開水50cc）

○ 水梨絲、蘋果絲泡鹽水可防止氧化變色。
○ 水果入菜能增添鮮甜滋味，像蘋果煮熟後，纖維會軟化且釋出果膠，可促進消化，但水溶性維生素C也會流失，因此烹煮時間不宜太久。
○ 蔬果高湯的做法，請參考第10頁。

03

夏季消暑湯料理

04

夏季消暑湯料理

提到去熱降火氣、利尿、生津的食材，冬瓜一定名列其中，且零脂肪、低熱量、水分多；牛蒡素有「蔬菜中的人參」之稱，尤其含鐵量高；而腰果所含的蛋白質則是一般穀物的兩倍，此外，還加入紅棗、當歸、麥門冬等補氣藥材，是一道非常營養的湯品。

腰果牛蒡冬瓜湯

材料

- 生腰果60公克
- 雪蓮子100公克
- 牛蒡50公克
- 猴頭菇45公克
- 冬瓜380公克
- 玉米筍3支
- 當歸15公克
- 麥門冬10公克
- 紅棗20公克
- 老薑片10公克
- 蔬果高湯200cc
- 水2000cc

調味料

- 鹽1/2茶匙
- 白胡椒粉1/2茶匙
- 香油1/2茶匙
- 橄欖油1茶匙

做法

1. 雪蓮子、麥門冬、生腰果放入電鍋內鍋，加入水1/2杯，外鍋放2/3杯水蒸煮，待開關跳起後移出，備用。
2. 牛蒡削皮輕拍後，小滾刀切約3公分長，泡水；冬瓜去皮去子，切成約2公分厚片；玉米筍洗淨，斜切為二段，備用。
3. 猴頭菇洗淨，撕成小塊，冷鍋冷油，放入老薑片與猴頭菇，用小火一起煸炒成金黃色，備用。
4. 取一湯鍋，注入水與蔬果高湯，用大火煮滾，加入紅棗與上述食材續滾後，加鍋蓋用文火煮15分鐘，放入當歸續煮3分鐘，加鹽、白胡椒粉調味，滴上香油即可。

○ 熬湯時，當大火煮滾所有食材後，轉文火續煮時，記得蓋上鍋蓋，可以保留更多食材的甘甜。

○ 蔬果高湯的做法，請參考第10頁。

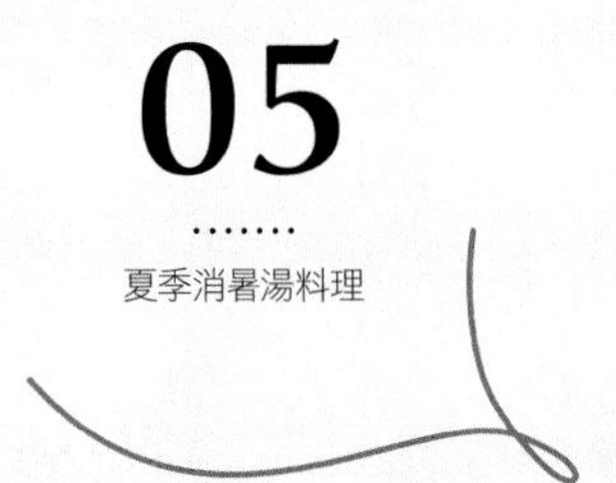

05

夏季消暑湯料理

夏季正逢綠竹筍產季，綠竹筍加酸菜湯頭十分合味，還可添加秀珍菇、玉米筍為營養加分；再加上富含胡蘿蔔素的紅蘿蔔，有助清除血液和腸道中的自由基，預防心血管疾病，可收養心之效。

酸菜筍片湯

材料

- 酸菜心200公克
- 綠竹筍270公克
- 秀珍菇120公克
- 紅蘿蔔40公克
- 玉米筍6支
- 嫩薑絲15公克
- 黃金蟲草8公克
- 水3500cc
- 蔬果高湯300cc

調味料

- 白胡椒粉1/2茶匙
- 香油少許

做法

1. 酸菜心撥開，用水2000cc泡20分鐘，去酸、鹹味，切片；黃金蟲草泡水，備用。
2. 綠竹筍去殼洗淨，與秀珍菇、紅蘿蔔一起切片，玉米筍斜切成三段，備用。
3. 取一湯鍋，加入水1500cc、蔬果高湯，加蓋用中火煮滾，放入綠竹筍、酸菜心、黃金蟲草煮10分鐘。
4. 將紅蘿蔔、玉米筍、秀珍菇、嫩薑絲加入做法3之鍋中，蓋上鍋蓋轉文火煮10分鐘，起鍋前滴上香油，撒上白胡椒粉即可。

○ 酸菜心除了酸還有鹹，泡水時可多換幾次清水洗淨，讓酸菜吃起來脆而不鹹。
○ 秀珍菇要挑選菇片背面紋路清楚，沒有發酵味的，才是新鮮的好菇。
○ 蔬果高湯的做法，請參考第10頁。

很多人喜歡吃餛飩，吃法有不同變化。此道餛飩內餡以三菇——猴頭菇、杏鮑菇、乾香菇為主，組合出美妙的滋味與口感。包好的三菇餛飩，可以煮成餛飩湯，滿足喜歡喝湯一族；或淋上特調醬汁，做成紅油抄手，兩種吃法一次滿足。

三菇餛飩湯

材料

- 猴頭菇90公克
- 杏鮑菇120公克
- 乾香菇90公克
- 芹菜葉60公克
- 小白菜300公克
- 乳酪絲10公克
- 海苔絲10公克
- 餛飩皮1包
- 蔬果高湯200cc

調味料

- 白醬油1茶匙
- 鹽1/4茶匙
- 蓮藕粉水
  （蓮藕粉1大匙
  加冷開水20cc）
- 橄欖油2大匙

做法

1. 猴頭菇撕成絲，杏鮑菇汆燙後泡冷水，乾香菇泡軟；芹菜葉、小白菜洗淨，以上所有食材除小白菜切段外，其餘食材切末，備用。
2. 冷鍋冷油放入香菇末，用中火翻炒至散發香氣，再依序加入猴頭菇末、杏鮑菇末，續炒3至5分鐘，倒入白醬油、芹菜葉末繼續翻炒，最後倒入蓮藕粉水炒勻，即成內餡餡料。
3. 取餛飩皮，包入餡料約1茶匙，捏成元寶狀。
4. 取一小鍋，注水約2/3滿，加鹽，水半滾時將餛飩放入，待餛飩浮起，即可撈起盛入碗中待用。鍋內加入蔬果高湯續煮滾，將小白菜放入汆燙，撈起放入碗內，倒入湯汁，撒上乳酪絲、海苔絲，即成三菇餛飩湯。

○ 餛飩包法：
(1)取一張餛飩皮置於掌中尖角朝上呈菱形，在皮的四周抹點水。將一茶匙餡料放在餛飩皮中間，將下方的尖角上摺，疊至四分之三處時再往上摺一次，將內餡兩邊的皮捏緊壓實，最後將左右兩邊的尖角相疊捏牢，做成元寶形。尖角疊合處可抹點水，以增加黏著度。
(2)包餡時在餛飩皮四周沾水，可增加黏合，避免煮時散開。

○ 煮餛飩時加入少許鹽，可防止餛飩破掉與黏鍋。

○ 餛飩也可變化成紅油抄手來吃：餛飩煮熟後撈起放入碗中，將砂糖1/2茶匙、花椒粉1/5茶匙、白胡椒粉1/2茶匙、紅油2大匙、香油1/4茶匙、烏醋1大匙，拌勻成紅油醬汁，淋於餛飩上即可食用。

○ 蔬果高湯的做法，請參考第10頁。

06

夏季消暑湯料理

07

夏季消暑湯料理

燜熱的天氣，令人想來碗冰冰涼涼的甜湯消暑。銀耳和蓮子，可說是最佳拍檔，銀耳蓮子湯成為老少咸宜的甜湯。銀耳也稱雪耳，就是白木耳，除了含有豐富膠質、多醣體，還有胺基酸，具有保濕、滋潤效果；蓮子含多種維生素及微量元素，有助舒緩緊張、一夜好眠。

銀耳蓮子湯

材料

- 白木耳2大朵
- 新鮮蓮子80公克
- 蘋果80公克
- 水梨80公克
- 南瓜100公克
- 地瓜150公克
- 紅棗15公克
- 桂圓30公克
- 水4000cc

調味料

- 冰糖3大匙

做法

1. 白木耳泡水30分鐘使其軟化，將白木耳的根部剪掉後，全部撕成約2公分見方的片狀，放入冷凍庫，備用。
2. 蘋果、水梨削皮，泡鹽水約5分鐘，取出瀝乾；南瓜、地瓜洗淨削皮，全切成2.5公分丁狀，備用。
3. 取一鍋加水，大火煮滾，放入冷凍後的白木耳，加蓋煮滾後，轉小火煮50分鐘。
4. 將紅棗、桂圓、蓮子放入做法3鍋中煮15分鐘，再加入地瓜、南瓜、蘋果、水梨、冰糖續煮5分鐘後熄火，加蓋燜10分鐘即可。

- ○ 白木耳也可用電鍋先燜煮，內鍋水放入2000cc，外鍋放2杯水，電鍋開關跳起後，換鍋移至爐火，加水2000cc續煮。
- ○ 甜度可依個人喜好調整。
- ○ 南瓜可改為夏季盛產的芒果，更為可口。
- ○ 此道湯也可做成鹹湯，將冰糖換成鹽、白胡椒粉，加入用苦茶油或亞麻油爆香的老薑片，增加風味。

08

夏季消暑湯料理

粽子口味眾多，南部粽、北部粽、粿粽，各有所好。近年因健康養生之故，粽子餡料主打低鹽、低脂、低油，除了使用糯米包餡，也會加入其他雜糧。十穀養生粽以十穀米包裹餡料，能避免攝取過多糯米而脹氣，內餡有香菇、蓮子、花生、猴頭菇、栗子等，還加入當令的綠竹筍，增加纖維質，讓人滿足口欲又沒負擔。

十穀養生粽

材料

- 十穀米600公克
- 圓糯米200公克
- 新鮮栗子40顆
- 蓮子300公克
- 花生200公克
- 冷凍小香菇40朵
- 綠竹筍中型2枝
- 猴頭菇500公克
- 老薑薄片40公克
- 乾粽葉80片
- 粽繩40條（2串）
- 水3000cc

調味料

- 麻油3大匙
- 白醬油2大匙
- 白胡椒粉2茶匙
- 五香粉1茶匙
- 鹽1大匙

做法

1. 十穀米、花生泡水3小時；綠竹筍去殼、洗淨，切成1.5公分丁狀；猴頭菇撕成40片，備用。
2. 粽葉泡熱水30分鐘後，用海綿菜瓜布將每片粽葉正反面洗淨，剪掉蒂頭；粽繩泡熱水軟化、撈起，備用。
3. 取一炒鍋，加入麻油、老薑薄片用小火煸成金黃色，加入香菇、新鮮栗子、猴頭菇，用文火炒5分鐘後，挑出香菇、栗子備用。再加入蓮子、花生、綠竹筍丁、十穀米、圓糯米，以白醬油、白胡椒粉、五香粉、鹽等調味，炒至水分收乾，即成餡料。
4. 取兩片粽葉，頭尾相疊，摺成漏斗狀。填入餡料壓實，將栗子置於中間，再用餡料填滿，最後放入香菇，正面朝上，包成四角粽狀，用粽繩繞3圈打單結後，再打上活結。
5. 取一大湯鍋加水，先以大火煮滾，將一串粽子沿鍋涮5圈後放入鍋中，加蓋用文火煮2小時，再轉小火續煮1.5小時後熄火，燜30分鐘再撈起，掛吊瀝乾，即可食用。

○ 冷凍小香菇的做法，請參考第17頁。
○ 水煮粽子時，水必須蓋過粽子，如要中途加水，必須加熱開水。
○ 用電鍋蒸冷藏粽子時，外鍋加水80cc，冷凍粽子外鍋加水160cc。

松子富含蛋白質與脂肪，是健康的堅果。鳳梨松子炒飯是道充滿南洋風味的開胃主食。鳳梨的酸甜佐松子的清香，加上菇類、生豆包、小豆苗，食材搭配營養豐富，讓人胃口大開。

鳳梨松子炒飯

材料

- 鳳梨罐頭1罐（135公克裝）
- 白米2杯
- 松子60公克
- 冷凍小香菇40公克
- 杏鮑菇90公克
- 小豆苗100公克
- 生豆包2片
- 薑末40公克
- 乳酪絲30公克
- 枸杞少許
- 水1.5杯

調味料

- 苦茶油1又1/2茶匙
- 白醬油1茶匙
- 鹽1/2茶匙
- 白胡椒粉少許

做法

1. 將白米洗淨，倒入1杯半水，加鹽少許、油2或3滴，放入電子鍋煮熟後，盛盤散熱、冷卻。
2. 鳳梨片切成1.5公分的三角形狀；乳酪絲撕成0.2公分寬；枸杞過熱水；松子用乾鍋略炒，備用。
3. 取一炒鍋，放入苦茶油，將生豆包煎至金黃色，與小香菇、杏鮑菇皆切成1公分丁狀。
4. 用煎豆包的油鍋，用小火爆香薑末與小香菇，加入杏鮑菇、豆包、白醬油拌炒，再放入白飯、枸杞、松子、鹽、白胡椒粉翻炒後，最後加入小豆苗炒熟，裝盤撒上乳酪絲，即可上桌。

tips

○ 冷凍小香菇做法，請參考第17頁。

09

夏季消暑湯料理

10

夏季消暑湯料理

蘆筍是防癌、護血管的天然抗氧化劑，也被視為補水消暑的食材，有滋陰、清熱功效，夏天吃蘆筍，不吹冷氣也能身心清涼不煩燥。此處採用綠蘆筍，搭配具有降火清肺效果的新鮮百合，更是暑氣全消。

蘆筍百合

材料

- 綠蘆筍1把（約250公克）
- 紅椒100公克
- 新鮮百合150公克
- 甜柿100公克
- 柳松菇7根
- 嫩薑片6片（約10公克）
- 蔬果高湯30cc

調味料

- 橄欖油2大匙
- 鹽1茶匙
- 香油少許

做法

1. 蘆筍筍尖部位對齊，切5公分長；蘆筍根部1/3處削皮，去老梗後切段，與筍尖分開放，備用。
2. 紅椒切開去子，滾刀片成4公分長；甜柿削皮，滾刀切3公分塊，泡鹽水；新鮮百合撥成片狀，如過大可切兩半再撥；柳松菇對切；嫩薑切成菱形，備用。
3. 取一炒鍋，冷鍋冷油，放入嫩薑片、蘆筍根部、蔬果高湯翻炒，再加入紅椒、百合、柳松菇續炒3分鐘後，最後放入蘆筍筍尖、甜柿、鹽，翻炒1分鐘，滴入香油，即可裝盤。

○ 甜柿可用南瓜、銀杏、蘋婆（鳳眼果）、黃甜椒替代。
○ 炒蘆筍時，根部與筍尖要分開炒，可避免根部不熟、筍尖過熟，保持口感一致的鮮嫩。
○ 蔬果高湯的做法，請參考第10頁。

11

夏季消暑湯料理

富含胺基酸、維生素與蛋白質的鮑魚菇，以醋溜的方式料理，酸甜口感很開胃，能提振食欲，相當適合炎熱的夏季。在淋醬中特別選用麥芽糖佐味，甜而不膩，而且有滋補、潤肺等功效，使得醋溜鮮菇不只風味獨具，營養豐富，令人食指大動。

醋溜鮮菇

材料

- 鮑魚菇950公克
- 玉米筍130公克
- 紅蘿蔔130公克
- 新鮮鳳梨200公克
- 甜豆莢250公克

調味料

- 烏醋2/3大匙
- 糯米白醋1大匙
- 白醬油2/3大匙
- 薑汁1茶匙
- 白胡椒粉1/2大匙
- 麥芽糖1茶匙
- 香油1/2茶匙
- 起司酥炸粉300公克
- 葡萄籽油500cc
- 水30cc

做法

1. 鮑魚菇汆燙1分鐘撈起，泡入冰水，瀝乾後將鮑魚菇去蒂頭，對切後再斜切成3片，加入白醬油、薑汁、白胡椒粉醃漬15分鐘入味，備用。
2. 玉米筍洗淨，斜切成三段；甜豆莢洗淨，斜切成兩段；紅蘿蔔削皮後切成0.5公分厚的菱形，將以上食材汆燙30秒，瀝乾備用。
3. 新鮮鳳梨切成1公分見方小塊，備用。
4. 炒鍋中加入葡萄籽油熱鍋。將醃漬好的鮑魚菇裹上起司酥炸粉，入鍋煎至金黃色，盛盤備用。
5. 做法4的餘油留約1/3，加入玉米筍、紅蘿蔔、新鮮鳳梨，用中火炒2分鐘後，將醃漬後的醬汁、水、烏醋、糯米白醋、麥芽糖倒入拌炒，使其濃稠，滴上香油。
6. 將做法5擺放在煎好的鮑魚菇上，最後加上甜豆莢，即可上桌。

tips

○ 甜豆莢遇酸會變黃，淋上醬汁後再加入，以免變色。

一物多吃的醬料對於茹素者來說很方便，可拌飯、拌麵，拌蔬菜也很對味。這道私房拌醬屬炸醬類料理，以豆干、香菇為基底，還有茭白筍丁、毛豆，富含蛋白質。這道拌醬用料豐富，也可當成開胃小菜，一舉兩得。

私房拌醬

材料

- 豆干600公克
- 茭白筍300公克
- 乾香菇200公克
- 冷凍毛豆200公克
- 嫩薑末15公克
- 長紅辣椒3條
- 蔬果高湯150cc

調味料

- 豆瓣醬4大匙
- 甜麵醬2大匙
- 香油1/2茶匙
- 薄鹽醬油1大匙
- 葵花油50cc
- 蓮藕粉水（蓮藕粉1茶匙加冷開水30cc）

做法

1. 豆瓣醬、甜麵醬、薄鹽醬油、香油調勻備用。
2. 茭白筍去殼洗淨，乾香菇泡水，備用。
3. 豆干、茭白筍、乾香菇、長紅辣椒切粗丁，備用。
4. 取一炒鍋，加入葵花油、香菇、豆干用文火炒出香氣後，放入茭白筍、嫩薑末，再倒入蔬果高湯翻炒，接著將調好的醬料加入翻炒均勻，再放入毛豆及長紅辣椒翻炒，最後倒入蓮藕粉水收芡，就完成拌醬。

○ 茭白筍可用玉米筍或綠竹筍替代。
○ 蔬果高湯的做法，請參考第10頁。

12

夏季消暑湯料理

夏季食補 Q & A

夏季的養生重點為何？

夏季烈日炎炎，能量消耗大、排汗多，水分的補充特別重要。飲食宜消暑涼補，也適合吃帶點苦味的食物，以解濕熱。特別是進出冷氣房時，室內和室外溫差大，調節體溫更顯重要，以防中暑。

暑熱讓人昏昏欲睡，精神不濟，爽口開胃的清湯，能讓人暑氣全消。蓮藕湯清香舒心，鳳梨苦瓜湯降火解渴，酸辣湯和酸菜筍片湯都是開胃好湯，能為夏日清涼解熱。

如何選擇適合的夏季食材？

夏季食物不易存放，容易腐壞，食材的新鮮衛生是採購重點。烹調食物最好新鮮現煮，一次食用完畢。如果食用不完，不要一直反覆加熱，連吃好幾餐，如此食物容易變質，反而危害健康。

夏季飲食要以清爽解熱為主。夏天的涼性蔬果有苦瓜、黃瓜、絲瓜、竹筍、蓮藕、百合、鳳梨、西瓜等，既能消暑解渴，也能涼補養心，讓我們安然度過炎熱的夏季。

天氣太熱吃不下如何開胃？

暑氣逼人，使人煩躁不安，食欲不振，此時可食用帶有酸味的食物，來增進食欲，建議在料理中加入例如鳳梨、檸檬、洛神花等具有酸味的食材，不但開胃且生津止渴。或是加上薄荷、羅勒等具有特殊香味的香料，能引起食欲。涼拌菜或生菜沙拉也是夏季的方便料理，口感清爽不油膩，讓人胃口大開。

炎夏是否適合吃冰解熱？

炎熱的夏天，許多人喜歡吃冰品、喝涼飲來消暑，短暫的冰涼過後，反而會愈吃愈熱，愈喝愈渴。這是因為吃冰會影響血液循環，造成體內的熱氣不易散出，而且食用過多冰冷的食物，也可能引發腸胃不適，建議適量食用為宜。

另外，甜湯也是消暑的聖品，銀耳蓮子湯不但甘甜清涼，兼具保濕滋潤之效；綠豆湯清熱解暑，皆是老少咸宜的甜湯。

AUTUMN

秋季溫補湯料理

Chapter 3

01

秋季溫補湯料理

秋天因乾燥容易傷肺，應該溫補養肺。羅宋湯向來受歡迎，除了使用清爽口感的西洋芹，還有富含營養的腰果、薏仁。腰果與榛果、核桃、杏仁合稱「世界四大堅果」，可以為素食者補充蛋白質，讓你能量滿滿！

西芹腰果羅宋湯

材料

- 西洋芹 285 公克
- 新鮮蓮子 110 公克
- 生腰果 150 公克
- 大薏仁 200 公克
- 精靈菇 70 公克
- 枸杞 12 顆
- 水 2000cc
- 蔬果高湯 500cc

調味料

- 植物性奶油 80 公克
- 鹽 1 茶匙
- 白胡椒粉少許
- 匈牙利紅椒粉 1 茶匙

做法

1. 西洋芹削皮去除粗纖維，頭部寬厚處對切後，斜切成3公分長；精靈菇對切，備用。
2. 大薏仁洗淨後，泡水30分鐘，撈出過熱水，備用。
3. 取一湯鍋加水煮滾，加入做法2用大火煮20分鐘，再放入生腰果，轉文火續煮20分鐘。
4. 將蔬果高湯、新鮮蓮子、精靈菇加入做法3煮10分鐘。
5. 用一炒鍋將植物性奶油用小火熔成液狀，倒入做法4，加入匈牙利紅椒粉、西洋芹、枸杞、鹽，撒上白胡椒粉即可食用。

○ 蔬果高湯的做法，請參考第10頁。
○ 羅宋湯大多以番茄高湯做底，比較費工費時，只要加入匈牙利紅椒粉，立刻成為引人食欲大開的紅湯色。

這道湯可不只青菜蘿蔔，只要在湯裡加入馬鈴薯、玉米、猴頭菇等食材，看似家常的湯品馬上升級。番茄與紅蘿蔔有豐富的茄紅素；海帶的藻膠酸不僅顧胃，更有助排除人體內的有害物質，被視為優質的「身體清道夫」；白蘿蔔、馬鈴薯都屬白色蔬果，對於保護肺部有良好功效，是預防過敏、抗氧化的好食物。

番茄海帶蘿蔔湯

材料

- 大番茄2顆（45公克）
- 白蘿蔔460公克
- 紅蘿蔔70公克
- 馬鈴薯380公克
- 玉米塊250公克
- 冷凍毛豆170公克
- 猴頭菇90公克
- 乾昆布15公克
- 嫩薑片12片
- 蔬果高湯500cc
- 水2000cc

調味料

- 亞麻仁油1/2茶匙
- 鹽1茶匙

做法

1. 馬鈴薯泡水去澱粉，紅蘿蔔、白蘿蔔、馬鈴薯洗淨削皮，大番茄洗淨，一起滾刀切成塊狀，備用。
2. 乾昆布洗淨剪成不規則狀，備用。
3. 猴頭菇以亞麻仁油及少許鹽抓醃，備用。
4. 取一湯鍋，倒入水和蔬果高湯，用大火煮滾，先放入乾昆布、紅蘿蔔、白蘿蔔，轉文火煮30分鐘，再放入玉米塊、猴頭菇、馬鈴薯，煮20分鐘，再加入大番茄、嫩薑片，以鹽調味，最後撒上毛豆煮滾即可。

tips

○ 蔬果高湯的做法，請參考第10頁。

02

秋季溫補湯料理

03

秋季溫補湯料理

竹笙是一種食用真菌，由於菌體優美，又有「雪裙仙子」、「真菌之花」之稱，我們所見的竹笙都已是曬乾處理過的，營養豐富，滋味鮮美，故被列為「草八珍」之一。此道湯品也使用當季的水梨，水梨的水分多能養陰生津、滋潤肺胃、清熱化痰，加上猴頭菇、精靈菇的多醣體，還有新鮮百合、黃金蟲草等滋補食材，適合在秋涼時為身體補充能量。

竹笙猴菇煲香梨

材料

- 竹笙10公克
- 水梨410公克
- 猴頭菇90公克
- 冷凍小香菇80公克
- 精靈菇70公克
- 黃金蟲草5公克
- 新鮮百合150公克
- 紅棗8顆
- 老薑薄片30公克
- 蔬果高湯400cc
- 水2100cc

調味料

- 亞麻仁油1大匙
- 鹽1茶匙

做法

1. 水梨削皮過鹽水後，去核滾刀切成3.5公分長；竹笙去網膜，剪成4公分長，泡水；黃金蟲草泡水；精靈菇切成5公分長；新鮮百合洗淨剝開，備用。
2. 取一炒鍋，放入亞麻仁油，用文火將老薑薄片煸炒成金黃色，加入小香菇續煸2分鐘，再放入猴頭菇拌炒1分鐘。
3. 取一湯鍋，加水煮滾後，放入做法2與紅棗，煮20分鐘。
4. 將蔬果高湯倒入做法3煮滾後，再加入精靈菇、新鮮百合、黃金蟲草、竹笙，用文火煮20分鐘，最後加入水梨、鹽，煮滾熄火，即可食用。

tips

○ 蔬果高湯的做法，請參考第10頁。
○ 冷凍小香菇的做法，請參考第17頁。

這道私房紅燒湯，以番茄高湯為湯底，運用常見的中藥材桂枝、川芎、肉桂、當歸，加上具清熱效果的白蘿蔔、含多醣體的菇類、有核黃素的玉米、富茄紅素的番茄、高蛋白質的毛豆等食材，營養滿點，果真是湯之「極品」。

極品紅燒湯

材料

- 當歸18公克
- 白蘿蔔120公克
- 紅蘿蔔50公克
- 大紅番茄1粒（約150公克）
- 大綠番茄1粒（約150公克）
- 白洋菇5朵
- 玉米塊（約300公克）
- 冷凍毛豆150公克
- 蘭花干2塊
- 嫩薑片6片
- 番茄高湯800cc
- 紅燒高湯1200cc
- 水1500cc

調味料

- 辣豆瓣醬1大匙
- 糖2茶匙

做法

1. 白、紅蘿蔔洗淨、削皮後，連同大紅、綠番茄，用滾刀切成4公分塊狀；蘭花干切塊，備用。
2. 取一湯鍋，注入紅燒高湯、番茄高湯及水，再加入白、紅蘿蔔、蘭花干煮15分鐘，最後放入玉米塊、當歸、嫩薑片、辣豆瓣醬、糖，轉文火煮10分鐘。
3. 將紅番茄、綠番茄、白洋菇放入鍋中煮5分鐘，加入冷凍毛豆，煮滾熄火，即可上桌。

tips

○ 番茄高湯的做法，請參考第10頁。
○ 紅燒高湯的做法，請參考第11頁。

04

秋季溫補湯料理

這道滋潤鮮甜的珠貝鮮梨銀耳湯，除了水梨之外，還添加了潤肺補氣的珠貝、百合，並佐以紅棗與金黃色的蜜餞金棗，是一道滋補又可口的甜湯。

珠貝鮮梨銀耳湯

材料

- 珠貝（顆粒狀）30公克
- 大水梨1顆
- 白木耳1大朵
- 新鮮百合半顆
- 皂角40公克
- 紅棗30公克
- 桂圓乾10公克
- 金棗（蜜餞）8粒
- 水3000cc

調味料

- 冰糖10大匙

做法

1. 珠貝、皂角洗淨，皂角泡水後，一起放入電鍋內鍋，內、外鍋各加水1杯蒸煮，待電鍋開關跳起後取出備用。
2. 水梨洗淨，削皮去核，滾刀切4公分塊狀，泡鹽水；白木耳泡水，洗淨撕成小朵；新鮮百合剝片洗淨；金棗對切，備用。
3. 取一鍋注水煮滾，放入白木耳、珠貝再煮滾，轉小火加蓋煮40分鐘，加入紅棗、桂圓乾煮20分鐘，續加入皂角、水梨、金棗煮10分鐘，最後放入百合、冰糖煮滾，熄火燜10分鐘，即可盛碗食用。

○ 珠貝是一種白色中藥材，有的中藥房會將珠貝碾碎磨成粉，本料理請選擇顆粒完整的珠貝。

○ 皂角又名「天山雪蓮」，泡水後會呈現透明狀，可在中藥行買到。

05

秋季溫補湯料理

翠玉南瓜粥是一道適合長者食用的粥品，南瓜的口感甜又綿密，加上營養價值高，含有豐富β胡蘿蔔素、維生素C、維生素E、鋅，能清除體內自由基；還有菇類的多醣體、青江菜的纖維素，年長者能輕鬆食用又營養滿點。

翠玉南瓜粥

材料

- 南瓜600公克
- 杏鮑菇250公克
- 猴頭菇50公克
- 乾香菇30公克
- 新鮮百合半顆
- 青江菜150公克
- 松子80公克
- 生腰果40公克
- 嫩薑絲10公克
- 白米1杯
- 糙米1/3杯
- 水2000cc

調味料

- 鹽1/2茶匙
- 香油1大匙
- 白胡椒粉1/4茶匙

做法

1. 乾香菇泡軟，杏鮑菇洗淨，切絲；猴頭菇洗淨撕成細絲；南瓜削皮刨成絲；新鮮百合剝片洗淨；青江菜洗淨，切絲，快速汆燙撈起，泡冰開水，備用。
2. 白米、糙米洗淨瀝乾，備用。
3. 取一炒鍋，冷鍋冷油放入香油，用中火將香菇、猴頭菇爆香，加鹽、白胡椒粉翻炒後取出，倒入電鍋內鍋。
4. 將松子、生腰果、白米、糙米加入做法3後注水，外鍋加1杯水蒸煮，待電鍋開關跳起後取出備用。
5. 將做法4倒入一湯鍋，移到瓦斯爐，加入南瓜絲、杏鮑菇、新鮮百合、嫩薑絲，用小火煮10分鐘，同時需用湯勺不斷攪拌，以免沾鍋。熄火後，放入冰鎮青江菜絲，即可食用。

tips

○ 南瓜削皮後要刨成中絲，使其在粥內仍保持絲狀，會讓這道粥品口感更佳。

06

秋季溫補湯料理

07

秋季溫補湯料理

牛蒡與腰果，不但可以煮成湯，也可以搭配其他食材，做成燉飯。牛蒡富含膳食纖維與微量元素，營養價值高，成為養生的熱門食材。腰果不論單吃或入菜，都非常美味，其不飽和脂肪酸，對心血管有所助益，兩者交織成風味十足的主食。

牛蒡堅果燉飯

材料

- 牛蒡2根
- 乾香菇40公克
- 猴頭菇50公克
- 熟松子60公克
- 生腰果60公克
- 白米4杯

調味料

- 白胡椒粉1/2大匙
- 苦茶油8茶匙
- 麻油薑2大匙
- 白醬油1/2大匙
- 鹽1茶匙
- 砂糖2/3茶匙

做法

1. 牛蒡削皮刨成絲狀，泡入水中，滴進數滴白醋，減少氧化變色。
2. 乾香菇泡軟，切絲；猴頭菇撕成絲狀，備用。
3. 生腰果、白米洗淨瀝乾，備用。
4. 取一炒鍋，冷鍋冷油加入苦茶油和麻油薑，開中小火炒香，放入香菇絲、瀝乾的牛蒡絲、猴頭菇絲煸炒後，加調味料翻炒均勻，再放入生腰果與白米，轉小文火續炒至水分收乾。
5. 將做法4放入電子鍋內鍋，用量米杯取3.5杯泡過牛蒡絲的水加入內鍋，攪拌均勻後蓋鍋烹煮，起鍋後撒上熟松子，即可享用。

tips

○ 腰果可以用其他堅果取代。
○ 泡牛蒡絲時，水量要蓋過牛蒡絲。

泡菜有豐富的乳酸菌，可幫助消化，是許多人的心頭好。韓式泡菜在製作過程中會加入辣椒粉、辣椒乾，微辣的口感不僅可當佐餐小菜，也常做為食材入菜。韓式泡菜炒年糕除了有韓式泡菜，更加入大白菜、菇類、番茄、紅蘿蔔等，與彈牙的年糕相佐，讓人脾胃全開，齒頰留香。

韓式泡菜炒年糕

材料

- 素韓國泡菜850公克
- 大白菜450公克
- 乾香菇10公克
- 金針菇200公克
- 白洋菇200公克
- 紅蘿蔔絲200公克
- 番茄200公克
- 寧波年糕850公克
- 乳酪絲10公克
- 蔬果高湯30cc

調味料

- 香油1/2茶匙
- 白醬油1茶匙
- 鹽1/4茶匙
- 橄欖油2大匙

做法

1. 大白菜剝開洗淨，切成約3公分長，備用。
2. 乾香菇泡軟，切絲；金針菇切去蒂頭，對切剝開；白洋菇去蒂頭，切成3片；番茄滾刀切成3公分塊狀，備用。
3. 寧波年糕沖水、剝開，備用。
4. 取一炒鍋，冷鍋冷油，用大火爆香香菇後，轉中火，加入紅蘿蔔絲、大白菜、番茄、泡菜、白洋菇、金針菇與白醬油，拌炒1分鐘，再鋪上年糕片，倒入蔬果高湯，加蓋用小火燜煮10分鐘，以鹽調味，滴上香油即可盛盤。食用時，撒上乳酪絲增添風味。

tips

○ 可用韓式年糕替代寧波年糕。

○ 蔬果高湯的做法，請參考第10頁。

08

秋季溫補湯料理

09

秋季溫補湯料理

豆豉是一種發酵過的豆製品，是此道菜調味的關鍵。草菇的熱量低，含有豐富的膳食纖維，而且有八種必須胺基酸，還有大量的維生素C，能促進新陳代謝，提高免疫力。再加上紅蘿蔔、西洋芹、長紅辣椒、鳳梨等配色，令人食指大動。

豆豉草菇

材料

- 新鮮草菇900公克
- 豆豉6公克
- 紅蘿蔔45公克
- 長紅辣椒6公克
- 罐頭鳳梨120公克
- 西洋芹120公克
- 冰塊1包

調味料

- 地瓜粉2茶匙
- 薄鹽醬油1茶匙
- 橄欖油2茶匙
- 香油1/4茶匙

做法

1. 草菇洗淨後，汆燙約2分鐘，裹上薄薄地瓜粉；另備小鍋水煮滾後，將每顆裹粉草菇放入鍋內過熱水，撈起冰鎮。
2. 紅蘿蔔洗淨削皮，西洋芹洗淨，去除粗纖維，兩者皆切成菱形，汆燙；長紅辣椒去子，與鳳梨皆切成菱形，備用。
3. 取一炒鍋，冷鍋冷油，放入豆豉用文火炒香，加上做法2食材，續炒5分鐘，再放入冰鎮草菇、薄鹽醬油，續炒3分鐘，淋上香油，即可盛盤。

tips

○ 西洋芹也可用小黃瓜或櫛瓜替代。

○ 先將草菇裹上地瓜粉過熱水後冰鎮，可增加草菇咕溜的口感。

時序雖進入秋天，天氣仍高溫燠熱，涼拌菜往往是餐桌的首選，使用黑、白木耳雙拼的太極木耳，具生津潤肺的功效，料理上除了用醋提味，加上檸檬汁的香氣，入口即有清涼的感覺；同時具酸、甜、鹹、辣的風味，爽口又開胃。

太極木耳

做法

1. 長紅辣椒對切去子，斜切成1公分長；香菜洗淨，切1.5公分長，備用。
2. 取一炒鍋，加水用大火煮滾，先放入白木耳汆燙8分鐘，撈起瀝乾，再汆燙黑木耳8分鐘，撈起瀝乾，備用。
3. 將黑、白木耳置於大碗中，趁熱倒入嫩薑末、糖、鹽拌勻，冷卻後再加入糯米醋、檸檬汁、香油、長紅辣椒拌勻，裝盤撒上香菜，即可食用。

材料

- 黑川耳70公克（冷凍）
- 白木耳120公克（冷凍）
- 嫩薑末20公克
- 長紅辣椒2條
- 檸檬汁2茶匙
- 香菜少許
- 水1000cc

調味料

- 鹽1茶匙
- 糖1茶匙
- 糯米醋1/4茶匙
- 香油少許

tips

- ○ 不吃辣的人，可用枸杞、石榴替代辣椒。
- ○ 不吃香菜的人，可用芹菜葉替代。
- ○ 冷凍木耳的做法，請參考第14頁。

10

秋季溫補湯料理

11

秋季溫補湯料理

梅干苦瓜選用白玉苦瓜，除了發揮白色蔬果的潤肺功效，也能明目降火，加上苦瓜所含的維他命C是瓜果類中最高的，有助於夏天被曬黑的皮膚恢復白皙。苦瓜的苦味讓人卻步，但加上稍鹹的梅干菜，碰撞出不一樣的口感，是中菜餐廳必備的菜單。

梅干苦瓜

材料

- 小白玉苦瓜3條
- 梅干菜270公克
- 冷凍花生150公克
- 冷凍香菇70公克
- 老薑末20公克
- 蔬果高湯150cc
- 水820cc

調味料

- 蔬菜油100cc
- 薄鹽醬油1大匙
- 糖1/2茶匙
- 香油少許
- 蓮藕粉水（蓮藕粉1/2茶匙加冷開水40cc）

做法

1. 梅干菜泡軟洗淨後，撕成細條狀，再切成約1公分長粗末；香菇切成約1公分長，備用。
2. 將冷凍花生放入200cc滾水中煮開，整鍋移入電鍋內鍋，外鍋加水320cc蒸煮，待電鍋開關跳起，取出備用。
3. 取一小深鍋，放入蔬菜油，傾斜放爐上，熱鍋後將整條苦瓜放入鍋中過油，撈起備用，其餘苦瓜做法皆同，最後放入電鍋內鍋，備用。
4. 平底鍋中放入做法3的蔬菜油1大匙，加入香菇、老薑末炒香，再放入花生、梅干菜續炒後，倒入薄鹽醬油、糖、蔬果高湯後，將所有炒料覆蓋於電鍋內鍋的白玉苦瓜上，外鍋加水300cc蒸煮，待電鍋開關跳起，取出裝盤。
5. 將內鍋湯汁倒入做法4的平底鍋，加蓮藕粉水以小火收芡，加入香油，淋在梅干苦瓜上即可。

tips

○ 食用時，可用熟食剪刀將苦瓜剪成塊狀，方便入口。
○ 用少許香菜末或芹菜葉末撒在梅干苦瓜上，更添色香味。
○ 冷凍花生的做法，請參考第14頁。
○ 冷凍香菇的做法，請參考第17頁。
○ 蔬果高湯的做法，請參考第10頁。

常見於素食料理的素肚，是穀類蛋白質製品，大多用炒或滷或煮湯，只要發揮創意，就能讓平凡的食材有不同的吃法：將素肚煎香後，先滷後烤再切片，既是美味的雙拼小菜，還可以搭配碧玉筍和特製醬料，包進墨西哥餅皮裡，馬上變身為令人驚豔的無國界料理。

創意捲餅

做法

1. 素肚剪對開，洗淨後用廚房紙巾擦乾；小香菇擰乾，剪成0.7公分條狀；碧玉筍洗淨，切成6公分長細絲，用冰水冰鎮後撈起，備用。
2. 取一平底鍋，倒入蔬菜油，熱鍋後先放入6片素肚，用文火將正反面煎成金黃色，取出後再放入6片續煎，取出備用。
3. 用鍋中餘油將老薑薄片、香菇煸香後，倒進電鍋內鍋，加入醬油、薄鹽醬油、八角、糖、辣椒、素肚，外鍋加水1杯蒸煮。電鍋開關跳起後，取出上層6片素肚與2大匙滷汁，將滷汁用蓮藕粉水收薄芡，備用。
4. 將取出的素肚，部分移至烤箱烤10分鐘後翻面，刷上收芡後的滷汁，續烤5分鐘，取出先對切再斜切成1公分薄片，備用。
5. 將甜麵醬、豆瓣醬放入平底鍋，用小火炒勻，即成特製醬汁。
6. 取一平底鍋，用小火乾煎墨西哥餅，翻面續煎，取出後均勻抹上特製醬汁，加入碧玉筍、烤素肚，捲成圓筒狀，即為捲餅。
7. 將做法3的滷素肚對開斜切盛盤，與烤素肚成雙拼小菜。

材料

- 素肚6個
- 碧玉筍35公克
- 老薑薄片25公克
- 八角6粒
- 冷凍小香菇6朵
- 墨西哥薄餅8片
- 辣椒5條
- 水1杯

調味料

- 甜麵醬2大匙
- 豆瓣醬2/3大匙
- 糖2茶匙
- 醬油10大匙
- 薄鹽醬油8茶匙
- 蔬菜油100cc
- 蓮藕粉水（蓮藕粉1大匙加冷開水50cc）

○ 素肚斜切成片，可擴大面積吸收滷汁，更容易入味，視覺上也更美觀。
○ 碧玉筍也可用小黃瓜絲加綠豆芽快速拌炒後取代。
○ 冷凍小香菇的做法，請參考第17頁。

12

秋季溫補湯料理

外皮酥脆、內餡香氣四溢的咖哩酥餃，是許多人喜愛的點心。咖哩酥餃內餡有鳳梨、蘋果，還有蒟蒻，十分爽口；咖哩粉含有抗氧化的薑黃素和辛香料，不僅開胃，更能提振免疫力，尤其特殊的氣味，是許多人喜愛的調味料。

咖哩酥餃

做法

1. 乾香菇泡軟；蘋果洗淨削皮，泡鹽水；蒟蒻用熱水汆燙30秒。
2. 將香菇、蘋果、鳳梨、蒟蒻切丁，備用。
3. 取一炒鍋，冷鍋冷油將香菇爆香後，加入蒟蒻，用文火翻炒1分鐘，再放入鳳梨、蘋果、杏仁角續炒2分鐘，以鹽、咖哩粉、白胡椒粉調味，即成餡料。
4. 烤箱用200°C預熱10分鐘。
5. 用碗將酥皮壓成圓形，包入餡料成酥餃，在表皮刷橄欖油後撒上芝麻，放進烤箱以180°C烤10分鐘後，將烤盤轉向，續烤10分鐘，即可取出盛盤。

材料

外皮：
- 冷凍起酥皮1包
- 白芝麻1 1/2茶匙

內餡：
- 罐頭鳳梨150公克
- 蘋果250公克
- 乾香菇100公克
- 蒟蒻200公克
- 杏仁角2大匙

調味料

- 咖哩粉2茶匙
- 白胡椒粉1茶匙
- 鹽1/4茶匙
- 橄欖油2大匙

tips

○ 汆燙蒟蒻時，加入1大匙白醋，可消除蒟蒻特有的腥味。

13

秋季溫補湯料理

秋季食補

Q & A

秋季的養生重點為何？

入秋之後，金風送爽，溫度逐漸下降，氣候乾燥將加速皮膚水分的蒸發，造成皮膚搔癢，喉嚨也易因乾癢而咳嗽，因此補充水分、滋潤身體相當地重要。尤其氣候多變，早晚溫差大，身體特別容易出狀況。秋季的養生重點在於溫補滋潤，飲食以清熱、潤燥、安神為主，適合多食用富含水分的食物，因而風味濃郁的養生湯品特別受歡迎，讓人身心都滿足。

天涼好個秋，最適合來碗暖呼呼的羅宋湯，香甜濃郁最暖心，竹笙猴菇煲香梨滋潤養顏、潤肺補氣，南瓜粥甘甜綿密，讓人歡喜享用秋天豐收季節的盛宴。

如何選擇適合的秋季食材？

秋季飲食可多利用溫和滋潤的食材，滋補身心脾胃，讓身體順應時節的轉變。為預防秋燥帶來的口乾舌燥，建議食用牛蒡、南瓜、茄子、芹菜等蔬菜。

富含膠質的銀耳，也是常見的秋季養生食材，既能滋補養顏，還能促進新陳代謝，增加飽足感。秋高氣爽的時節，調整好體質，強健身體，以便迎接寒冷的冬天。

早晚溫差大，如何保養身體？

豐收的秋季，時而秋老虎發威，時而秋意寒涼，抵抗力也隨之下降。忽冷忽熱的天氣，特別容易感冒生病。此時不宜再食用冰冷寒涼的食物，可以溫和且滋陰潤燥的食材保養身心脾胃。番茄海帶蘿蔔湯可潤肺，極品紅燒湯用料豐富，營養滿點，均可增強抵抗力，平安度過多變的秋天。

如何善用飲食調整憂鬱心情？

秋葉漸黃，草木逐漸凋零，容易讓人觸景傷情或憂鬱，菊花茶及玫瑰花茶有解鬱、安定情緒的效果，適合秋天飲用。心情低落時，可透過飲食來協助調整心情，建議可多食用香蕉、芭樂、巧克力、堅果類及黃豆製品，其維生素及微量元素，可減緩憂慮，穩定神經，幫助維持好心情。秋天是由躁動轉為沉潛的季節，應放慢腳步，早睡早起，收斂煩躁的心緒，以沉穩之心邁向冬天。

WINTER

冬季滋養湯料理

Chapter 4

十全藥膳由四君子湯與四物湯，再加上黃耆、肉桂而成。四君子湯與四物湯分別是補氣、補血的藥方，合用可以補氣血，此處加入多種菇類，以及大量的高麗菜，湯品含有豐富的多醣體、維生素C與膳食纖維，兼顧營養與養生。

十全藥膳鮮菇湯

材料

- 杏鮑菇300公克
- 白精靈菇300公克
- 珊瑚菇300公克
- 猴頭菇200公克
- 松本茸120公克
- 新鮮栗子200公克
- 新鮮蓮子200公克
- 生核桃160公克
- 水果玉米2根
- 高麗菜1200公克
- 豆包4片
- 乾小香菇100公克
- 黃金蟲草50公克
- 桂枝30公克（裝袋）
- 黃耆15片
- 紅棗80公克
- 黑棗200公克
- 桂圓乾60公克
- 老薑薄片40公克
- 蔬果高湯1000cc
- 八珍高湯2000cc

調味料

- 黑麻油2大匙
- 苦茶油3大匙
- 橄欖油1大匙
- 鹽1茶匙
- 白胡椒粉1/4茶匙

做法

1. 將所有食材洗淨；杏鮑菇滾刀切4公分塊，白精靈菇斜切3段，珊瑚菇去蒂，剝開3塊；猴頭菇撕成2.5公分塊狀；乾小香菇泡軟，去蒂；松本茸去蒂，對切；高麗菜撕成5公分片狀；水果玉米切段；豆包用橄欖油煎成金黃色後，剪對開，備用。
2. 取一炒鍋，冷鍋冷油，用黑麻油與苦茶油中火煸老薑薄片成金黃色，加入香菇、猴頭菇轉小火續炒3分鐘，再放入松本茸、杏鮑菇、白精靈菇續炒1分鐘取出，備用。
3. 取一湯鍋，放入八珍高湯、蔬果高湯、桂枝、黃耆用大火煮滾後，加入香菇、猴頭菇、薑片、蓮子、栗子、紅棗、桂圓乾、生核桃，轉小火煮30分鐘後，再加入松本茸、杏鮑菇、白精靈菇、珊瑚菇、高麗菜、水果玉米，用大火煮滾後，轉小火煮10分鐘，再放入豆包、黃金蟲草、黑棗、鹽，轉大火煮滾3分鐘，撒上白胡椒粉，即可食用。

tips

- ○ 熬煮湯底時，可將老薑150公克拍碎，並加入10至15顆紅棗一起熬煮，使湯頭更美味！
- ○ 桂枝與肉桂都是樟科肉桂樹的產物，桂枝是乾燥嫩枝，肉桂則是乾燥樹皮。兩者的作用也不盡相同。
- ○ 蔬果高湯的做法，請參考第10頁。
- ○ 八珍高湯的做法，請參考第11頁。

01

冬季滋養湯料理

02

冬季滋養湯料理

冬季天氣寒冷，萬物休養生息，保健原則就是「驅寒保暖」，俗話說「冬吃蘿蔔夏吃薑，不勞醫生開藥方」，此時來碗素骨茶湯，用中藥和當令的白蘿蔔養生暖胃，對於經常熬夜、作息不正常的現代人，是一道抗氧化與促進血液循環、增進腸胃蠕動的大補湯！

素骨茶湯

材料

- 素骨茶1包（60公克）
- 炸豆皮60公克
- 杏鮑菇70公克
- 碧玉筍70公克
- 玉米塊235公克
- 川耳80公克
- 紅蘿蔔35公克
- 白蘿蔔235公克
- 番茄140公克
- 紅棗10顆（約35公克）
- 老薑60公克
- 水2500cc

調味料

- 苦茶油3茶匙
- 鹽1茶匙
- 白胡椒粉2茶匙

做法

1. 取一湯鍋加水煮滾後，放入素骨茶包，用小火熬煮1小時，備用。
2. 紅蘿蔔、白蘿蔔削皮，滾刀切3公分塊狀，備用。
3. 杏鮑菇、番茄滾刀切4公分塊狀，備用。
4. 炸豆皮泡熱水，剪對開，玉米塊對開切，碧玉筍斜切4公分片狀，備用。
5. 老薑切成0.1公分薄片，取一炒鍋，放入苦茶油，冷鍋冷油將薑片爆香，倒入做法1的鍋中，轉文火，放入川耳、紅蘿蔔、白蘿蔔、紅棗、玉米塊，煮約30分鐘，將炸豆皮和做法3的食材倒入鍋中續煮20分鐘，以鹽、白胡椒粉調味，再撒上碧玉筍，即可熄火上桌。

○ 素骨茶包可在中藥店或南北雜貨店購買。
○ 素骨茶湯也可當作火鍋湯底，就成了養生藥膳鍋。

進補需要看個人體質，四神湯性質平和，無論虛寒與燥熱體質的人皆宜。四神湯藥膳的配方是蓮子、淮山、茯苓、芡實，但常常會再加入薏仁、新鮮蓮子增加口感，除此，還可加入新鮮山藥、菇類、老薑片，更添飽足感，營養也更豐富。

山藥四神湯

材料

- 白山藥350公克
- 大薏仁350公克
- 新鮮蓮子200公克
- 杏鮑菇150公克
- 猴頭菇50公克
- 白洋菇50公克
- 老薑片10片
- 四神湯包1包
- 當歸1片
- 蔬果高湯200cc
- 水3000cc

調味料

- 苦茶油2茶匙
- 鹽1茶匙
- 白胡椒粉少許

做法

1. 大薏仁泡水約30分鐘後，用滾水氽燙，瀝乾，備用。
2. 白山藥去皮，滾刀切成3公分塊狀，泡鹽水；四神湯包藥材倒出洗淨，備用。
3. 白洋菇、猴頭菇對切，杏鮑菇滾刀切成3公分塊狀，備用。
4. 取一炒鍋，倒入苦茶油，冷鍋冷油煸炒老薑片，再放入猴頭菇續炒至呈金黃色，備用。
5. 取一湯鍋，倒入水和蔬果高湯，煮滾後放入做法1和4及四神湯包，用大火煮滾後轉文火煮40分鐘，加入新鮮蓮子、當歸和白山藥續煮10分鐘後，放入杏鮑菇、白洋菇煮5分鐘，再以鹽、白胡椒粉調味即可。

tips

○ 白山藥可用馬鈴薯代替，也可加入蘋婆（鳳眼果），口感又不同。
○ 蔬果高湯的做法，請參考第10頁。

03

冬季滋養湯料理

04

冬季滋養湯料理

冬天適合滋補養生，此湯以八珍高湯為湯底，加入補血藥材何首烏，補氣的紅棗，以及號稱平民人參的黨參，另加上富含多醣體的菇類，透過此湯品，可增強免疫力，補充滿滿的元氣。

栗香首烏紅棗湯

材料

- 何首烏3片
- 黨參10條
- 牛蒡110公克
- 新鮮栗子10顆
- 新鮮蓮子150公克
- 紅棗12顆（小）
- 杏鮑菇70公克
- 白洋菇50公克
- 玉米200公克
- 老薑薄片10公克（約0.1公分厚）
- 八珍高湯300cc
- 蔬果高湯300cc
- 水1000cc

調味料

- 苦茶油1大匙
- 鹽1/2茶匙

做法

1. 牛蒡削皮後用刀面輕輕拍裂，滾刀切成約2.5公分寬，泡鹽水；杏鮑菇滾刀切約2.5公分寬，白洋菇去蒂頭（大朵可對切）；玉米切3公分厚，再對切成半圓形，備用。
2. 取一鍋裝入水、八珍高湯、蔬果高湯、何首烏、黨參、牛蒡煮滾，轉文火繼續煮。
3. 另備一鍋爆薑，倒入苦茶油、薄薑片，用小火將薑爆至金黃。加入栗子翻炒，備用。
4. 將爆好的薑先倒入做法2煮10分鐘，依序放入栗子、蓮子、玉米塊、紅棗煮10分鐘，再加入杏鮑菇、白洋菇續煮10分鐘，以鹽調味即可食用。

○ 蔬果泡鹽水時，使水蓋過蔬果，再加入少許鹽，可防止蔬果氧化變色。
○ 冷鍋冷油爆香，可防止油溫過高產生有害物質，使食材不變質；另可加入少許鹽，逼出食材香氣。
○ 蔬果高湯的做法，請參考第10頁。
○ 八珍高湯的做法，請參考第11頁。

05

冬季滋養湯料理

除夕年菜菜單上往往少不了佛跳牆，因為食材種類多，故稱「福壽全」，象徵福壽全歸的吉祥意義。這道素食版的佛跳牆，食材多達十三種，有各式菇類、素銀翅，還有不可少的芋頭、栗子、筍乾，特別加入包有日式麻糬的福袋，是適合宴客和家人團聚的高檔料理。

佛跳牆

材料

- 筍乾300公克
- 乾香菇30公克
- 杏鮑菇300公克
- 猴頭菇400公克
- 炸芋頭塊300公克
- 珊瑚菇180公克
- 玉米筍100公克
- 乾栗子200公克
- 紅棗80公克
- 黃金蟲草30公克
- 老薑薄片30公克
- 素銀翅300公克
- 福袋5顆
- 蔬果高湯500cc
- 水1000cc

調味料

- 苦茶油2茶匙
- 鹽1茶匙
- 白醬油4茶匙
- 醋1茶匙

做法

1. 筍乾捏鹽搓洗，用活水沖10分鐘。取一小鍋，加水500cc、醋煮滾，放入筍乾汆燙5分鐘瀝出，泡入冷水中。珊瑚菇迅速汆燙，泡冷開水；黃金蟲草泡水；素銀翅泡軟；杏鮑菇滾刀切成3公分塊狀；玉米筍斜切二段；乾香菇泡軟，備用。
2. 乾栗子放入電鍋內鍋加1杯水，外鍋加1/3杯水，蒸熟備用。
3. 取一炒鍋，倒入苦茶油，冷鍋冷油爆香老薑薄片，依序加入香菇、猴頭菇煸炒，再倒入筍乾續炒5分鐘，接著加入杏鮑菇、玉米筍、紅棗、栗子翻炒3分鐘，以鹽、白醬油調味後，再加入芋頭塊、黃金蟲草、素銀翅、福袋，將蔬果高湯、水500cc倒入電鍋內鍋或瓷甕中。
4. 將做法3移入電鍋，外鍋加水1杯蒸煮，蒸好後放入珊瑚菇即可。

tips

○ 如果用爐火煮，水量須加至1000cc，用文火熬煮20分鐘。
○ 福袋做法請參考第118頁，其中寧波年糕可用日式麻糬替代。
○ 蔬果高湯的做法，請參考第10頁。

06

冬季滋養湯料理

山東大白菜滋味清甜，營養價值高，有「冬季蔬菜王」之稱。碧玉筍其實不是筍類，是金針花的嫩莖，爽脆可口，含有多種維生素。再加入素銀翅、素參、香菇、豆包等，這道菜食材豐富，非常適合年節時期，當成家人團聚或宴客的高級料理。

一品銀翅羹

材料

- 山東大白菜600公克（取梗）
- 乾香菇20公克
- 素銀翅50公克
- 蒟蒻素參160公克
- 豆包300公克
- 茭白筍120公克
- 碧玉筍100公克
- 蘋婆（鳳眼果）300公克
- 黃金蟲草25公克
- 香菜60公克
- 蔬果高湯1000cc

調味料

- 苦茶油2大匙
- 白醬油2大匙
- 紅醋8茶匙
- 香油1茶匙
- 鹽2茶匙
- 冰糖1/2大匙
- 蓮藕粉水（蓮藕粉3大匙加冷開水50cc）
- 白胡椒粉1/2茶匙

做法

1. 素銀翅泡水，滴入幾滴白醋或加入檸檬片，使其軟化；黃金蟲草洗淨，加少許鹽泡水，備用。
2. 取山東大白菜的葉梗橫切，乾香菇泡軟後切絲，蒟蒻素參、碧玉筍切斜片，豆包切絲，茭白筍去殼洗淨切絲，香菜洗淨切小段，備用。
3. 取一炒鍋，冷油冷鍋倒入苦茶油，開中火，放入香菇絲、茭白筍絲、蒟蒻素參片，加入白醬油，輕輕翻炒數下，再倒入蔬果高湯。
4. 湯滾後，依序放入蘋婆、素銀翅、大白菜梗絲、豆包絲、黃金蟲草，蓋上鍋蓋轉大火。大滾後轉小火，移開鍋蓋慢慢熬煮至湯變濃稠後，再放入碧玉筍絲及紅醋、冰糖、鹽，以蓮藕粉水勾芡，使其成為羹狀，最後滴上香油，撒上白胡椒粉及香菜，即可盛碗享用。

○ 茭白筍可以用綠竹筍取代。
○ 蘋婆可用銀杏替代。

不同於傳統臘八粥以五穀雜糧為主，鴻運臘八粥以白米、糯米為粥底，加上常見的蓮子、松子、紅豆、紅棗、桂圓乾，都是補血養氣的食材，另外還特別加上蔓越莓乾、小金桔餅，讓粥除了甜味，也增加酸的口感，甜而不膩，暖胃又補氣。

鴻運臘八粥

材料

- 白米80公克
- 糯米80公克
- 新鮮蓮子80公克
- 松子80公克
- 紅豆80公克
- 紅棗20公克
- 桂圓乾40公克
- 蔓越莓乾40公克
- 小金桔餅30公克
- 熱開水2800cc

調味料

- 冰糖300公克
- 蓮藕粉水（蓮藕粉2大匙加冷開水60cc）

做法

1. 將紅豆洗淨，取一湯鍋放入熱開水1500cc，燜煮20分鐘，加入洗淨的白米、糯米煮滾後，移到電鍋，外鍋放2杯水煮，等電鍋開關跳起。
2. 松子用烤箱100°C烤2分鐘，備用。
3. 桂圓乾用冷開水浸泡2分鐘，瀝乾後加少許碎冰糖，備用。
4. 紅棗去子，1顆切成4瓣；小金桔餅切絲，備用。
5. 取一湯鍋，注入熱開水1300cc，倒入做法1的食材、蓮子、紅棗、桂圓乾，用小火煮20分鐘後，加入金桔餅絲、蔓越莓乾、松子、冰糖煮2分鐘，倒入蓮藕粉水攪拌一下，即可食用。

tips

○ 若買不到新鮮蓮子，可用乾蓮子替代，洗淨後與做法1的米一起煮。

07

冬季滋養湯料理

過冬至不免要來碗湯圓，只要別出心裁，發揮創意，跳脫湯圓只能煮湯或是當甜點的傳統印象，就是一道可當主食的美味佳餚。搭配茼蒿、茭白筍、高麗菜，與湯圓一起炒，美味又營養，令人食指大動。

如意鮮蔬炒湯圓

材料

- 高麗菜820公克
- 生豆包2片（140公克）
- 茭白筍150公克
- 乾香菇85公克
- 茼蒿150公克
- 紅蘿蔔85公克
- 金針菇200公克
- 芹菜135公克
- 紅、白小湯圓600公克
- 蔬果高湯100cc
- 水1000cc
- 冰塊1包

調味料

- 橄欖油2大匙
- 白醬油1大匙
- 鹽1/2茶匙

做法

1. 取一湯鍋，加水煮滾，再放入小湯圓，待湯圓浮起，撈出冰鎮。
2. 生豆包用少油，以小火兩面煎至金黃色。
3. 乾香菇泡開，紅蘿蔔洗淨削皮，茭白筍去殼洗淨；豆包、香菇、茭白筍、紅蘿蔔切成0.5公分寬的細絲，芹菜切成0.5公分珠狀，金針菇、茼蒿洗淨對切，高麗菜撕成2.5公分片狀。
4. 取一炒鍋，冷鍋冷油放入香菇、豆包、茭白筍、紅蘿蔔，再加入白醬油、鹽、高麗菜拌炒。
5. 倒入蔬果高湯、小湯圓續炒，最後放入金針菇、茼蒿、芹菜炒熟，裝盤上桌。

○ 小湯圓煮熟後立即冰鎮，炒時就不會糊成一團、黏鍋，口感更有Q勁。
○ 蔬果高湯的做法，請參考第10頁。

08

冬季滋養湯料理

芥菜又名刈菜，當年菜時又稱為長年菜。芥菜心含有大量維生素C，抗氧化，營養價值很高。而天氣轉涼時吃點栗子，可以增加熱量，還可以潤腸通便、保護眼睛，也是食補的好選擇。

栗香芥菜心

材料

- 新鮮栗子15顆
- 芥菜心650公克
- 玉米筍70公克
- 嫩薑片8片
- 黃金蟲草5公克
- 蔬果高湯30cc
- 水1000cc

調味料

- 亞麻仁油1大匙
- 鹽1茶匙
- 二砂糖1/2茶匙

做法

1. 芥菜心洗淨，滾刀切成4公分塊，玉米筍斜對切，黃金蟲草泡冷水，備用。
2. 取一炒鍋煮水，加入少許鹽，水滾後放入栗子煮約5分鐘後取出，備用；再汆燙芥菜心2分鐘，取出泡冷水，瀝乾後備用。
3. 將炒鍋洗淨，放入亞麻仁油，冷鍋冷油炒嫩薑片、芥菜心、栗子、玉米筍、黃金蟲草約1分鐘，倒入蔬果高湯，加蓋燜煮約3分鐘，加入鹽、糖即可。

tips

- 芥菜的苦味讓許多人卻步，只要先汆燙，就可減少苦味。
- 煮好的栗子不可泡冷水，以免影響熟度及口感。
- 蔬果高湯的做法，請參考第10頁。

09

冬季滋養湯料理

拼盤是宴客常見的菜色，我們可將琥珀豆干、福袋和雙冬豆苗組成吉祥拼盤。滷豆干只需電鍋，滷汁中不加一滴水，便可做出色澤誘人的琥珀豆干。名副其實的福袋，一口咬下充滿驚喜，吃得到芋頭、年糕等多層次口感。冬筍、香菇炒豆苗皆使用當季時蔬，翠綠色的長豆苗象徵迎新春的好兆頭。

三寶巧拼盤

琥珀豆干

材料

- 豆干600公克
- 老薑薄片15片
- 八角3公克
- 長紅辣椒2條
- 乾小香菇2朵
- 九層塔150公克

調味料

- 二砂糖2茶匙
- 低鈉薄鹽醬油8大匙
- 橄欖油3大匙
- 蓮藕粉水（蓮藕粉1大匙加冷開水40cc）

做法

1. 豆干洗淨用叉子戳洞，乾香菇用冷開水泡軟，剪成約0.5公分小條狀，備用。
2. 橄欖油爆香老薑薄片、八角、小香菇條，備用。
3. 取電鍋內鍋，放入做法2的食材，再加入豆干及長紅辣椒、醬油、糖，外鍋加1杯半水蒸煮。
4. 待電鍋開關跳起後，將鍋內上層豆干翻至下層，外鍋再加入半杯水續煮，等到電鍋開關跳起，浸泡滷汁30分鐘，即可將豆干裝盤食用。
5. 將剩餘滷汁移至爐火中，開小火煮滾，倒入蓮藕粉水勾芡收汁，最後加入九層塔增加香氣，將滷汁淋在豆干上亮色，風味更佳。

福袋

材料

- 長形福袋（日式豆包）6個
- 琥珀豆干2片
- 乾香菇3朵
- 火鍋芋頭3塊
- 寧波年糕6片
- 乾瓠瓜絲6條
- 水360cc

做法

1. 乾香菇泡水，剪對開；乾瓠瓜絲泡水5分鐘，備用。
2. 火鍋芋頭對切，滷好的琥珀豆干對剖後，切約0.5公分絲狀，備用。
3. 將長形福袋口剪開，依序裝入寧波年糕1片、香菇半朵、芋頭半塊、琥珀豆干絲均量，福袋口用瓠瓜絲綁2圈打結。
4. 將琥珀豆干剩餘的滷汁以300cc水稀釋，放入福袋，移至電鍋內鍋中，外鍋加水60cc蒸煮，等電鍋開關跳起，即可拼盤。

雙冬豆苗吉祥年

材料

- 冬筍200公克
- 冷凍小香菇6朵（約20公克）
- 長豆苗300公克
- 嫩薑薄片6片
- 蔬果高湯30cc

調味料

- 亞麻仁油2茶匙
- 鹽1/2茶匙
- 低鈉薄鹽醬油1/4茶匙

做法

1. 冬筍去殼對剖，切片成0.5公分厚、5公分長，放入滾水中汆燙3分鐘撈起瀝乾，備用。
2. 長豆苗去掉老梗洗淨。起油鍋，放入亞麻仁油1/2茶匙，加入少許鹽，用文火迅速拌炒，撈起備用。
3. 用亞麻仁油1又1/2茶匙，冷鍋冷油爆薑片、小香菇，加入做法1炒勻。放入鹽、醬油、蔬果高湯，用文火加蓋燜煮2分鐘。
4. 取一空盤，先將長豆苗鋪底，放上炒好的冬筍、香菇，即可拼盤。

10

冬季滋養湯料理

11

冬季滋養湯料理

過年是家家戶戶團圓的日子，餐桌上的料理也特別豐富，以慰勞家人一年來的辛苦。吉祥東坡捆是百頁豆腐與醬冬瓜的組合，外形酷似蘇杭名菜東坡肉，但口感卻截然不同，十分清爽不油膩，簡單食材也能變身高級料理。

吉祥東坡捆

材料

- 中朵乾香菇6朵
- 醬冬瓜片6公克
- 百頁豆腐50公克（2條）
- 乾蒲瓜絲5公克
- 老薑片3公克
- 蔬果高湯120cc

調味料

- 薄鹽醬油6大匙
- 香油4茶匙
- 五香粉1/2茶匙
- 滷汁150cc
- 蓮藕粉水
（蓮藕粉1又1/2茶匙加冷開水30cc）

做法

1. 乾香菇泡軟，剪掉蒂頭，備用。
2. 取一小湯鍋，倒入香油煸老薑片，再放入香菇炒香，加入薄鹽醬油、五香粉、蔬果高湯、百頁豆腐，用小火滷20分鐘，取出冷卻後，百頁豆腐切成1.5公分厚，共12片，備用。
3. 醬冬瓜片切成0.5公分厚，共6片，備用。
4. 取2片百頁豆腐，中間夾入醬冬瓜片，百頁豆腐最上層放上1朵香菇，再用乾蒲瓜絲交叉打十字結。
5. 完成的東坡捆裝盤置入電鍋中，外鍋加1/4杯水蒸至開關跳起。上桌前，將滷汁用蓮藕粉水收芡淋上即可。

tips

○ 滷汁做法請參考第118頁琥珀豆干的滷汁。
○ 百頁豆腐滷的過程會膨脹，冷卻後即恢復正常。
○ 蔬果高湯的做法，請參考第10頁。

什錦如意菜的主角黃豆芽也稱為如意菜，一般會準備十種食材以上，所以稱為什錦，取其十全十美之意，是江浙一帶過春節必吃年菜；也常見使用八種食材做成，取其八寶，故又稱「八寶菜」。

什錦如意菜

做法

1. 榨菜對半切開，泡入3000cc水中約30分鐘取出；乾金針泡水5分鐘，摘去蒂頭後，撕成兩長條；乾香菇泡軟，備用。
2. 紅蘿蔔洗淨削皮，芹菜去葉，長紅辣椒切開去子，備用。
3. 芹菜切段4公分長，將黃豆芽以外的其餘材料切成0.3公分寬絲狀。
4. 取一炒鍋，冷鍋冷油，放入嫩薑絲、香菇絲、紅蘿蔔絲煸炒，加入其他所有材料、砂糖續炒5分鐘，最後滴上香油，裝盤上桌。

tips

○ 這道料理配色繽紛，食材豐富，可以熱炒即食，也可以冷了再吃，一樣美味。
○ 芹菜段可以用其他綠色蔬菜菜梗來代替。

材料

- 黃豆芽去鬚300公克
- 黑木耳80公克
- 榨菜120公克
- 乾金針50公克
- 豆乾540公克（6塊）
- 紅蘿蔔80公克
- 芹菜100公克
- 乾香菇40公克
- 長紅辣椒30公克
- 嫩薑20公克
- 水3000cc

調味料

- 橄欖油5茶匙
- 香油2茶匙
- 砂糖1/2茶匙

12

冬季滋養湯料理

獅子頭與白菜一起紅燒是完美組合，也因為獅子頭的外型圓滿討喜，成為熱門的年菜之一。素獅子頭的材料坊間有不同的配方，此道以板豆腐為主，加入荸薺增添爽脆口感，另有猴頭菇與木耳，呈現出新風味。湯底的搭配食材豐富多樣，立刻變身為一道宴客大菜。

紅燒獅子頭

獅子頭

材料

- 板豆腐2盒（約600公克）
- 猴頭菇6朵
- 鮮木耳20公克
- 荸薺80公克（約9或10顆）
- 老薑2公克

調味料

- 白醬油8茶匙
- 五香粉1/2茶匙
- 白胡椒粉1茶匙
- 麵包粉8茶匙
- 低筋麵粉8茶匙
- 蓮藕粉8茶匙
- 香油少許

油炸調味料

- 沙拉油或葵花油450cc

獅子頭湯底

材料

- 素銀翅5公克
- 筍片60公克
- 娃娃白菜8根
- 乾香菇8朵
- 紅蘿蔔80公克
- 新鮮栗子8顆
- 玉米筍6條
- 芹菜40公克
- 嫩薑片5或6片
- 長紅辣椒2條
- 蔬果高湯500cc

調味料

- 白醬油10茶匙
- 麥芽糖20公克
- 白胡椒粉1茶匙
- 鹽1茶匙
- 香油少許
- 芡汁（蓮藕粉8茶匙加冷開水120cc）
- 沙拉油或葵花油少許

做法

1. 板豆腐抹少許鹽使其出水，裝入細網袋中捏碎擰乾水分，備用。
2. 猴頭菇以手剝成細絲，荸薺、鮮木耳、老薑切末，備用。
3. 取一鍋，加入做法1、2和獅子頭的所有調味料攪拌均勻，取少量搓成小球狀。另取一盤撒上少許低筋麵粉，將搓好的獅子頭放置盤中，備用。
4. 起一油鍋，加入沙拉油或葵花油，加熱至約150度，放入獅子頭，炸至表面呈現金黃色後撈起，將油瀝乾，備用。
5. 湯底部分，先將素銀翅泡水，乾香菇泡軟，切斜片，備用。
6. 娃娃白菜洗淨，保持整根完整，對開切；紅蘿蔔切片（可用波浪刀片或壓花模切片）；芹菜切成4公分條狀；嫩薑片切成菱形；長紅辣椒去子切菱形，備用。
7. 取一炒鍋，冷鍋放少許油（沙拉油或葵花油皆可），用中火煸炒香菇及新鮮栗子、嫩薑片，再依序放入筍片、娃娃白菜、紅蘿蔔、玉米筍、長紅辣椒，輕輕翻炒，再加入白醬油、麥芽糖、白胡椒粉、鹽，接著倒入蔬果高湯、素銀翅，煮滾。
8. 滾沸後，將炸好的獅子頭鋪放在上面，蓋上鍋蓋用小火燜煮，至湯汁略微收乾後，加入芹菜段，淋上芡汁，最後滴上香油，即可裝盤。

13

冬季滋養湯料理

冬季食補

Q & A

冬季的養生重點為何？

冬季天寒地凍，許多動物都進入冬眠，人們也需要藉此時機休養生息。立冬是適宜進補的時節，稱為補冬，滋補好湯可補血補氣，恢復先前耗損的元氣，儲備能量好過冬。此時，也要注意保暖，避免寒氣入侵，導致免疫力下降而生病。

寒冷的氣溫讓人手腳冰冷畏寒，適合來一碗熱呼呼的濃湯或補湯，香氣四溢的藥膳湯、素骨茶湯、四神湯，讓人寒意頓消，通體舒暢。

如何選擇適合的冬季食材？

冬天因為氣溫低，熱量消耗比平常還快，因此容易感到飢餓，手腳冰冷，建議多攝取碳水化合物，例如米飯、麵食、穀類、麵包等。飲食盡量避免寒涼的食材，可多食用地瓜、栗子、花生、馬鈴薯等，為身體補充所需的熱量，也可以一鍋營養豐富的藥膳湯，滋補養生，過個暖冬。

進補一定要在冬天嗎？

大多數人都習慣在冬天進補，因為經過前三季的辛勞，抵抗力下降，加上冬天活動減少，新陳代謝變慢，所攝取的養分容易儲藏，此時滋補最有效果。但是，也不宜過度進補，以免體質燥熱而感到不適。

其實不只冬季，一年四季都有滋補的需要，只要順應時令，掌握各季的養生重點進補，自然身心強健，充滿活力。

如何準備健康養生的年菜？

農曆新年期間，家家戶戶都會準備豐盛的年菜，不過年菜通常過於油膩，經過年節的大吃大喝，不但體重遽增，也增加了身體和腸胃的負擔。建議在準備年菜前，預先做好採買規畫避免浪費，以惜福為原則，選用在地的當令食材，簡化菜式和烹調步驟，調味上少油、少鹽、少糖，善用食材做變化，比如佛跳牆多用菇類發揮天然鮮甜，常見的湯圓甜湯可發揮創意，加入蔬菜變化為鮮蔬炒湯圓的新風味。運用多變豐富的料理手法，讓惜福年菜多了巧思，也讓身體輕鬆無負擔，歡喜迎新年！

禪味
廚房 ⑬

四季好湯
Healthy Seasonal Soup Recipes

國家圖書館出版品預行編目資料

四季好湯／鄭菊香著. −−初版. −−臺北市：
法鼓文化，2023.09
面；　公分
ISBN 978-626-7345-00-9（平裝）

1.CST：湯　2.CST：食譜

427.1　　112010186

作者／鄭菊香
攝影／李東陽
出版／法鼓文化

總監／釋果賢
總編輯／陳重光
編輯／林文理
美術設計／化外設計
地址／臺北市北投區公館路 186 號 5 樓
電話／(02)2893-4646
傳真／(02)2896-0731
網址／http://www.ddc.com.tw
E-mail／market@ddc.com.tw
讀者服務專線／(02)2896-1600
初版一刷／2023 年 9 月
建議售價／380 元
郵撥帳號／50013371
戶名／財團法人法鼓山文教基金會—法鼓文化
北美經銷處／紐約東初禪寺
Chan Meditation Center（New York, USA）
Tel／（718）592-6593
E-mail／chancenter@gmail.com